少年科普热点

材料科技

CAILIAO KEJI

中国科学技术协会青少年科技中心　组织编写

科学普及出版社

·北 京·

组织编写 中国科学技术协会青少年科技中心
丛书主编 明 德
丛书编写组 王 俊 魏小卫 陈 科
周智高 罗 曼 薛东阳
徐 凯 赵晨峰 郑军平
李 升 王文钢 王 刚
汪富亮 李永富 张继清
任旭刚 王云立 韩宝燕
陈 均 邱 鹏 李洪毅
刘晨光 农华西 邵显斌
王 飞 杨 城 于保政
谢 刚 买乌拉江

策划编辑 肖 叶 梁军霞
责任编辑 张敬一
封面设计 同 同
责任校对 林 华
责任印制 李晓霖

目录

第一篇　材料:人类智慧的旗帜

第二篇　新材料:未来的希望

MULU

第一篇
材料：人类智慧的旗帜

材料——人类发展的标志

在这里，我们要介绍的是材料科学。材料的不断发展和改进，是人类进步的标志之一，因而材料科学是十分重要的一门科学。

人类与其他动物的本质区别是什么？是劳动，正是我们人类能够进行有意识地改造自然界的劳动，才使得我们人类和世界上的其他生物区别开来。要劳动，就要制造和使用各种劳动工具。为了要得到这些工具，就必须有制造这些工具的各种各样的材料，所以，材料的开发和制造也就成为人类社会开始的一个重要标志。

早在两百多万年以前，我们的祖先生活在茂密的森林里，以打猎为生，为了获取猎物，他们用石头做工具，来攻击野兽。那段时期被称为旧石器时代。在石器的使用过程中，人们根据使用经验，逐渐学会打磨石头，使它变得更锋利、更精致，除了打猎外，还把它做成各种器皿等，那个时代被称为新石器时代。

原始时代的石器

在新石器时代后，人们又发现用黏土做成器皿，经高温烧制以后，光滑而坚硬，用这种方法可以做出各种日常生活用具，这就是陶瓷。在烧制陶瓷的同时，人们又冶炼出了青铜，逐渐掌握了铜的冶炼技术，于是青铜器被大量地生产出来，人类社会也就进入了青铜器时代。

大约在五千年前，也就是中国的春秋战国时期，人类又学会了冶炼铁，由于铁矿石的储量大，冶炼技术也较为简单，铁制工具广泛迅速地得到使用，各种生产工具得到了极大的改进，社会生产力获得了迅速地提高，大大推动了人类文明和人类社会的进步。

近代以来，材料对社会进步的推动作用

西周青铜器皿

小知识

中国材料科学的发展历史悠久。六千多年前的西安半坡遗址为我们提供了丰富的文物和史料。出土的汲水用尖底陶罐、鱼纹彩陶盆、檐口有几十种符号的陶钵都十分精美。半坡人普遍使用磨制的石铲、石刀等石器。他们还用兽骨、兽角制成针、锥、鱼钩、鱼叉和弓箭。岩石、兽骨和陶土成为他们熟悉的材料。

越来越大。

进入 20 世纪，随着电力的广泛使用和半导体晶体管的发明，又引发了一场新的革命。人类研制出了各种规模的集成电路，制造出了电视、电脑、电话，出现了手机等先进的通讯工具。没有材料科学的进步，这一切都是不可想象的。

所以说，材料科学的进步是人类社会进步的重要标志。

在这里，让我们一起来了解当今各种传

统的和新式的材料；像历史上曾经出现过的那些情况一样，它们也正在或即将改变我们的生活。

陕西西安半坡遗址出土的人面鱼纹彩陶盘

小问题

为什么说材料里面有历史?

为什么说金属材料是材料世界的脊梁骨？

材料世界里的家族非常繁荣，按材料本身的性质分，主要有金属材料、陶瓷材料、高分子材料、复合材料、晶体材料等。其中，金属材料是其中最为尊贵显赫的一个大家族。它的种类最多，被人类使用的历史也很长，在所有种类的材料中，人们对金属材料的加工工艺最为成熟和完善，应用也最为广泛。人类的进步和社会的发展，如果离开

飞机大量应用金属材料

小知识

中国的冶金历史源远流长，曾长期在世界上处于领先水平。例如，西安兵马俑出土的青铜剑毫无锈迹，表面发出一种灰黑色的光泽。经研究证实，剑的表面经过铬盐氧化处理，能有效防止青铜剑锈蚀。这种技术，德国人在1973年才发明，而在中国两千多年前的秦代就已得到使用。

了金属材料真是不可想象。

我们汉字里用偏旁“钅”代表与金属有关的事物。大家花一分钟写一写，你学过的有“金”字旁的字有多少？呵呵！可真多呀！可见，金属在我们的生活中真是无处不在。人们用金属材料制造的东西，大到飞机、大炮、航天飞机，小到吃饭的勺、开门的钥匙，关系到我们生活的方方面面。

要认识金属，我们还应该补充一些基本的知识。

世界到底是由什么东西构成的？远在两千多年前人们就已经提出了这个问题。今天我们知道，宇宙间浩瀚的万物，无一不是由元素构成的。

元素不可分割的最小单位是原子，或者可以说：原子是构成某一元素的最基本的单位。原子的体积非常小，直径大约只有 10^{-8} 厘米。但是，这样微小的原子，仍然分为电子和原子核两个部分。在原子的中心部位，有一个极其微小的原子核。原子核带正电，而在它的周围则是带负电的电子。原子核与核外电子所带的电荷大小相同，符号相反，正好维持原子的电中性。由于每个电子所带的电荷大小相等，所以，原子中的电子数取

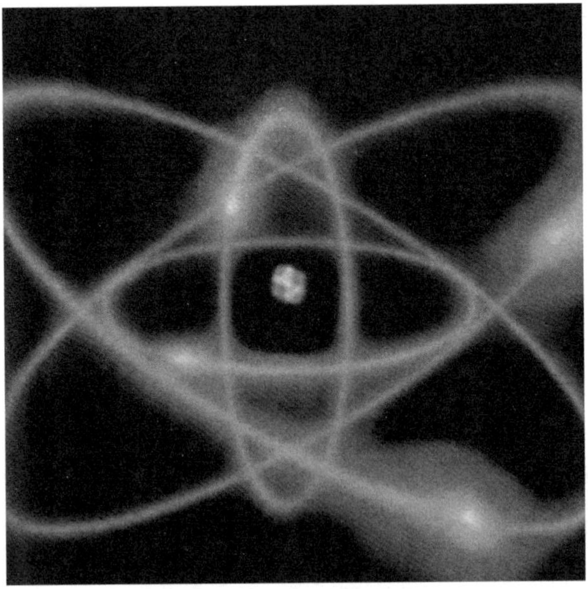

金属铍原子的原子示意图

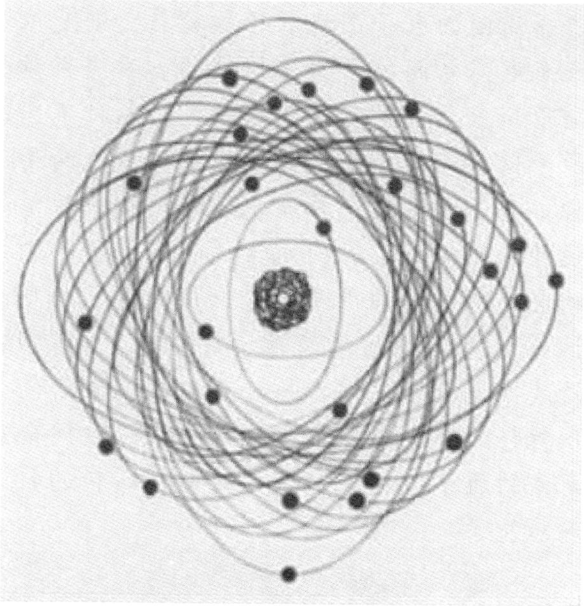

一个铁原子有 26 个电子围绕原子核旋转运动

决于原子核上正电荷的数量。而一个原子属于哪一种元素取决于它的核电荷是多少。

原子虽小，但原子核更小。如果我们把整个原子放大到一个足球场那么大，那么足球场中央如同绿豆大小的一粒沙子就相当于原子核。如果把原子比喻成太阳系的话，那么原子核就相当于太阳，居于整个原子的中央，而原子核周围的电子，就像沿着一定的运行轨道绕太阳旋转的行星。

天文学家告诉我们，行星之所以能够在轨道上运行，是依靠万有引力来维持的。而原子周围的电子围绕原子核旋转，则是依靠正负电荷之间的引力来维持的。不同数量的质子和中子按一定比例组合成为各种不同的原子核。目前已经发现的原子核多达两千多种。就是这些不同的原子核配合相应数量的核外电子构成了不同元素的原子。原子的结构决定了元素的性质，进一步决定了物质的性质，包括物质的密度、导电性、导热性、活泼性等物理化学性质。后文我们要讲的金属材料，就是由金属元素构成的。不同金属元素的原子结构决定了各种金属材料的特点和功能。

小问题

想一想，为什么金属对古代社会的发展有着举足轻重的作用？

铜为什么被称作材料世界的常青树？

说铜古老，是因为它是人类最早发现也是最先使用的金属之一，早在公元前四千年人类就开始使用铜。古人家里用的器皿有很多就是用铜制造的，比如铜盆、铜镜、铜鼎等。

铜有许多优异的特性和奇妙的功能，为人类的发展作出了不可磨灭的贡献，而且随着人类文明的发展，人们不断开发出铜的许多新用途。所以，铜既是一种古老的金属，又是一种充满生机和活力的现代工程材料。

铜的导电和导热性，是所有工程金属材料中最强的。除此之外，铜还有许多优异的综合性能：它对大气、海水、土壤以及许多化学物质有很强的耐腐蚀性；它富有弹性，耐摩擦，抗磨损；它的色彩多样，并且易铸造、焊接、切削，因此不仅在传统工业中有广泛的应用，在现代高科技领域中也发挥着重要作用。

现在作为我们日常生活和工作中必

电力设备中大量应用铜

不可少的工具——计算机和网络就处处离不开铜，人们用铜制造各种计算机及通信设备，在新型微处理器中连接微型开关或晶体管，是引线框架中的主要导体材料，用来制造架设互联网的铜缆等。国际著名的计算机公司 IBM 使用铜代替铝作为制造芯片的主要材料之一，能使电路的线尺寸减小到 0.65 纳米（1 纳米为 10^{-9}米），在单个芯片上集成的晶体管数目达到 2 亿个。我们知道，芯片上的晶体管数目越多，芯片的性能越强大，铜使计算机拥有一颗非凡的“芯”。现在，使用铜芯片技术的微处理器已经广泛应用于IBM的服务器和处理器产品中。专家预计，随着计算机技术的发展，铜将取代铝发挥更大的作用。

在火箭、卫星和航天飞机中，许多关键的部位都要用到铜或铜的合金，火箭发动机的燃烧室和推力室的内壁温度可高达几千摄氏度，如果没有铜作为导热材料冷却，对于整个火箭来讲是非常危险的。在超导体合金中，都必须加入一定比例的铜，这样才能保持合金的柔韧性和适当的强度，因此，铜是超导体中不能缺少的基本材料。铜合金还常用来制造卫星上的承载构件和太阳翼板。著

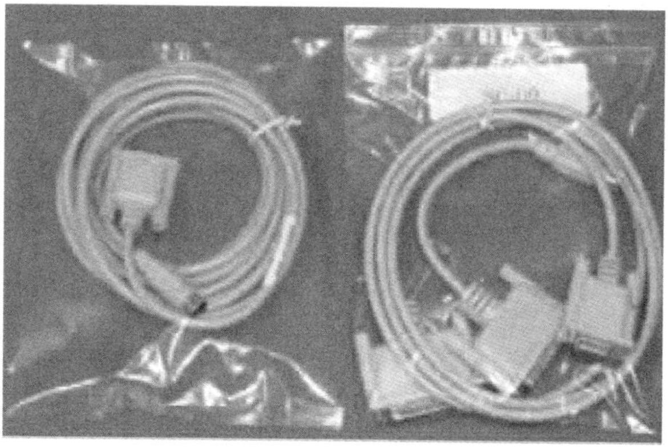

计算机信号线中也大量应用铜

名的德国西门子公司还将铜用在太阳能发电的关键设备——光电池上，研制出了新型薄膜光电池，大大降低了获得太阳能的成本，缩短了人类社会与太阳能时代的距离。

汽车离不开润滑油，酶就是维持我们身体正常工作的润滑油，人体内的金属元素与某些蛋白质结合生成酶，这些酶作为催化剂

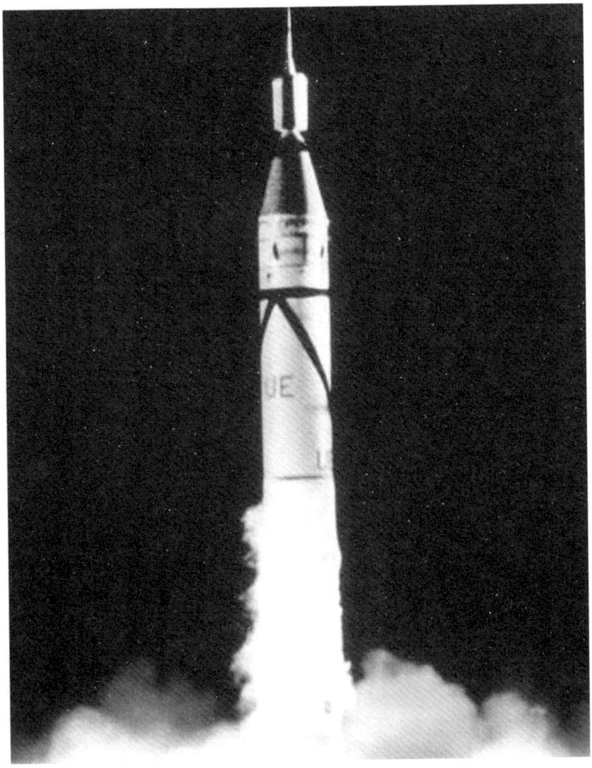

火箭顺利升空与发动机的良好性能密不可分

小知识

哪些食物里含铜元素多？

我们人体本身不能生成铜，因而人类的饮食中必须保证足够的铜以满足正常生理机能的需要。许多食物含有丰富的铜，如坚果、种子（特别是葵花子）、豆类、动物肝脏以及牡蛎等。普通食品如麦片、肉类和鱼类一般也含有铜。

帮助实现一系列的人体功能。铜与蛋白质结合生成的酶，有的提供体内生化反应所需要的能量，有的则参与皮肤色素的生成转换，还有的能帮助形成胶原蛋白和弹性蛋白的联系，从而起到修补细胞组织间的联系的作用。这一点对心脏和动脉血管来说尤其重要。研究结果表明，缺铜是导致冠状动脉硬化的一个重要因素。所以说铜是人体健康不能缺少的金属元素。

和人类一样，植物与动物的健康生长和发育也都离不开铜。土壤中缺少了铜，会导

听说在金属材料家族中，你是非常古老的，是吗？
对啊！飞机上都少不了我们呢。
铜

致农作物减产甚至颗粒不收。两种最重要的粮食作物——稻谷和小麦的土壤中必须含有足够的铜。牲畜缺铜会患上“眼睛病”、“摇摆病”等疾病。此外，铜还具有优秀的杀菌功能。早在几百年前人们就用铜来杀灭葡萄树真菌。一项研究表明，O157 大肠杆菌与铜的表面接触，几个小时后就会被杀死。

古代埃及语中的铜，意为“永恒的生命”。这是一个名副其实的称谓。铜这种几乎伴随人类走过整个文明历史的古老金属，至今仍显示出勃勃的生机和活力，在高科技领域以及人类的生活中发挥着不可替代的作用。

小问题

说说铜在古代用来制作过哪些物品？

最常见的轻质金属材料是什么？

铝是我们生活中一种常见的金属。观察一下，我们周围的哪些物品是由铝制成的呢？阳台上的窗框，我们平常用的勺子，蒸馒头用的蒸屉，还有冰箱和洗衣机等家用电器的许多部件等，铝就在我们的身边。

化学家告诉我们，地壳中含有很多元素，其中铝是含量最多的金属元素，地壳中几乎到处都是含有铝的化合物，在我们常见的泥土中，也含有许多铝的氧化物——三氧化二铝。

铝有什么优良性能？

和钢铁相比，铝有三大优势：一是密度小，同样体积的铝约比钢铁轻 2/3；二是如果铝的表面受到其他化学品的腐蚀，它可以在表面形成一层氧化膜，这层膜能保护内层的铝不再受到破坏；三就是导电性比铁要好得多。

铝还是一种活泼的金属，容易和其他元素发生化学反应。比如，将铝放在空气中，它会和空气里的氧气等物质发生化学反应，生成氧化铝（就是我们常说的铝锈）。所以，纯铝在地壳中是很难找到的。咱们生活中常见的铝大多数也不是纯铝。纯铝很软，它的应用因此受到限制。但是通过在冶炼铝的时候加入少量其他金属，制成铝合金，就可以消除这个缺点。

铝主要应用在哪些方面呢？它最大、最突出的用途就是在航空上，利用的就是它密度小、质量轻的特点。我们知道，飞机等飞行器都有一定的载重量，如果材料越轻，那

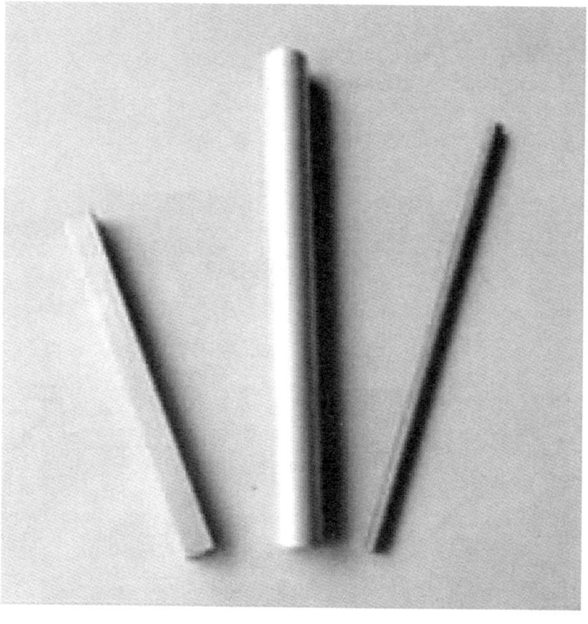

铝制的天线管材

小知识

“飞行金属”

现在世界各国的飞机总数在10万架以上。先进的大型客机波音747，铝合金占其材料重量的70%以上，重量达200多吨。被称为“空中巨无霸”的空客A380，铝合金所占比重达机体结构总重的61%。因此铝也被人们称为“飞行金属”。

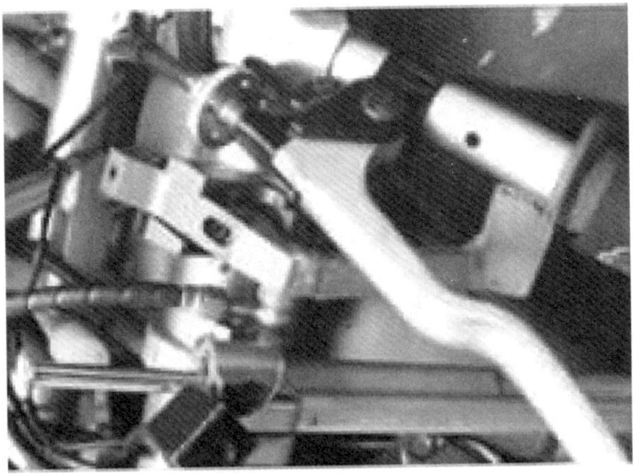

摩托车上的铝合金结构

它能装载的旅客或者其他物品也就越多。在第一次世界大战中，德国成立了世界上第一个航空股份公司，这个公司有7架飞艇，这种飞艇长127米，直径11.6米，从外表看来就像一颗巨大的橄榄。这么大的用金属做成

有了铝合金，看似笨重的飞艇也能飞起来

的庞然大物是怎么飞上天的？大家议论纷纷，都不知道是怎么回事。

原来，这种飞艇能飞上天就是因为它是用轻质的铝制造的。在第一次世界大战中，德国人把它投入了战争，可是那时有关铝的技术还不够完善，这家伙不够灵活，速度慢，被英国人击落下来。英国马上对飞艇的材料进行分析，结果发现，它是由含镁0.5%的铝合金做成的。

小问题

铝具有哪些优良的特性？

为什么说钛是金属中的新秀？

六千年前，人类发现了金属铜，这是人类使用的第一代金属。在铜之后，第二代金属是铁。从公元前 5 世纪到现在，钢铁的生产和应用，一直在不断发展。1886 年，电解法炼铝获得成功。铝质轻又耐腐蚀，很快得到了广泛的应用。当今，铝的产量仅次于钢铁，如果把铝算作第三代金属，那么，金属

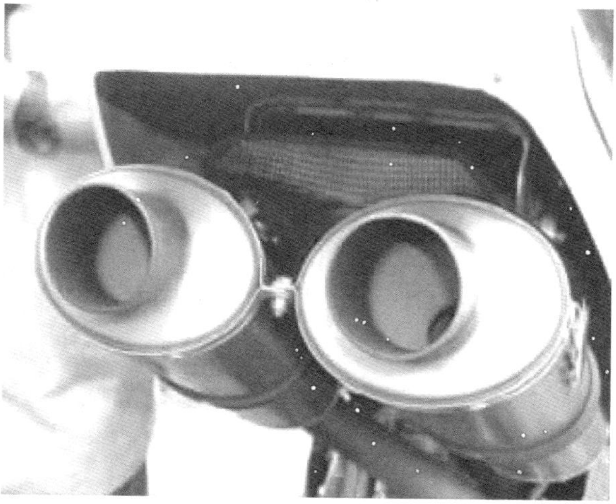

高级摩托车的某些部件已经开始采用钛合金

小知识

钛金属矿在我国的蕴藏量十分丰富。中国攀枝花市的钒钛磁铁矿就是世界上最大的钛矿。钛一般与其他金属矿伴生，因此其冶炼和提纯技术比较复杂。

的第四代代表，就是近几十年才崭露头角的钛了。

钛是以希腊神话中的大力神泰坦的名字命名的，它具有钢铁的强度，却不像钢铁那么沉重；它像铝那么轻，抗腐蚀，但强度却比铝要高很多。钛跟铝和铁一样，可以与一些金属形成合金，提高和改善它的性能，以适应不同的需要。

钛合金有一种既耐高温又耐低温的特殊本领。一般钢材耐低温能力较差，历史上曾经发生过许多钢结构桥梁、舰船在低温下突然断裂的事故，而钛合金在－200℃的低温下仍然能够保持良好的韧性。在耐高温方面，铝合金表现就不行，150℃就会失去原来的一些特性。而现在用量最大的一种钛合金，能在 500℃以上的高温中保持性能不变。

近年来，科学家又研制成了一些新的钛合金，进一步提高了它的耐高温和抗压性，这对航天工业的发展有重要的作用。当飞机飞行的速度超过音速的 2.2 倍时，因为表面温度过高，铝合金就不能用了。现代超音速飞机的飞行速度，已经超过音速的 2.7 倍，这就必须用耐高温的钛合金。美国空军的 F－22“猛禽”战斗机，之所以能实现长时间超声速巡航，原因之一就是，其机体材料中 41%使用钛合金。波音 747 飞机的巨大的起落架，也是用钛合金制造的。此外，在火箭、人造卫星和宇宙飞船上，也采用了大量的钛合金。由于 3/4 以上的钛都用于航空航

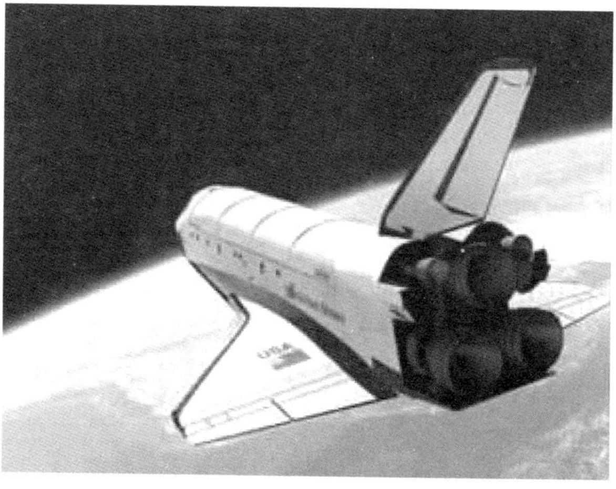

航天器上也大量采用钛合金

重量轻、抗腐蚀的全钛手表

天工业，因此，人们送给钛一个光荣称号——“空间金属”。

其实，钛的超众才能不仅仅表现在高空，在深深的海洋里，它也是一把好手。因为钛及其合金有很强的抗腐蚀性，在常温下，酸、碱甚至王水（硝酸和盐酸的混合物）都奈何不了它，海水中的盐分也腐蚀不了它。即使下潜到海面下几千米，它也能承受住一般金属不能承受的压力。所以，人们又送给它另外一个光荣称号——“潜海金属”。

钛合金还以其优越的特性被广泛应用到生活的各个领域。如果你去配眼镜，服务人员会向你推荐一种质轻、防断裂的钛合金镜架；如果你去挑选手表，钛合金做的耐磨、永不生锈的手表是最棒的选择。另外，它还可以用于制造人工关节、骨骼、牙齿等。

钛是“未来的钢铁”和“21 世纪的金属”。

小问题

说说钛与铁、铝的性能的相同点与不同点。

稀土是土吗？

世界上的所有物质都是由一定的元素组合而成的。比如我们的地球，所含的最多的元素是氧、硅、铝、铁四种；构成各种植物的主要元素是碳、氢、氧；我们吃的食盐则是由氯和钠两种元素组成的。但是，有这么一类元素，由于它们的性质非常相似，所以很难以独立的形式存在，而且在地壳中所含的量也比较少，我们称之为稀土元素，包括钪、钇、镧、铈、镨、钕、钷、钐、铕等17

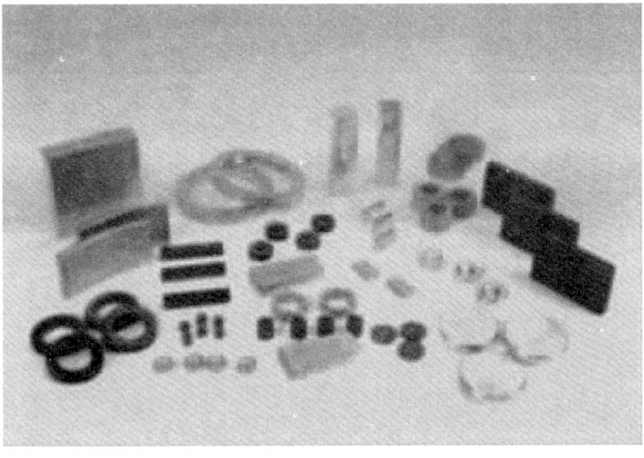

稀土合金制造的各种工业器材

新型稀土合金抗磨材料

种元素。

在稀土元素发现初期，由于它们的性质极其相似，难以分离出单独的元素，因此经常使用的基本上是混合稀土。随着提纯技术的不断进步，稀土元素的应用也由混合稀土、微量辅助元素发展成为一种纯或超纯金属作为主要材料应用于各个领域，特别是在高技术领域发挥着重要作用。

当今推动世界经济发展的支柱产业，如信息工程、生物技术、能源技术、环境保

已被送上太空的阿尔法磁谱仪的永磁体系统

护、航空航天、材料与加工等领域的进展与成就，都离不开各种各样的稀土高新材料。

许多人会以为稀土与自己的关系不大。其实，我们的生活中时时刻刻都在应用稀土元素，它早就与我们的生活和工作息息相关了。电视机的彩色显像管使用的荧光材料就是由稀土元素组成的。荧光材料是稀土元素在高新技术中的重要应用之一。

稀土也是很好的永磁材料。1998 年 6 月 3 日美国发现号航天飞机携带阿尔法号磁谱仪升入太空，拉开了人类探测反物质和暗物质的序幕。阿尔法号磁谱仪的核心部件永磁体就是中国生产的稀土材料。2011 年 5 月 16 日，美国奋进号航天飞机将阿尔法 2 号磁谱仪送往国际空间站。其内部内径约 1.2 米，重约 2.6 吨的环形巨大永磁铁同样来自中

小知识

同济大学科研人员经过多项科学分析后发现，黄河自中游到入海口，沉积物中的稀土成分的分配特征都基本不变，不受黄河沉积物的颗粒大小、化学风化程度以及污染等人类活动的影响，几乎就是人类研究黄河的天然“漂流瓶”。通过对黄河沉积物中的稀土元素分配特征的追踪研究，就可以从一定程度上揭示黄河的泥沙来源及其在中国边缘海中的分布和扩散问题。

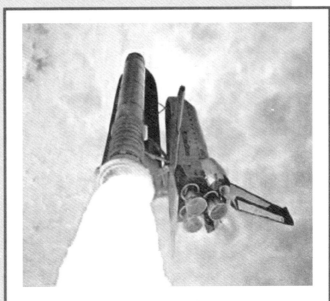

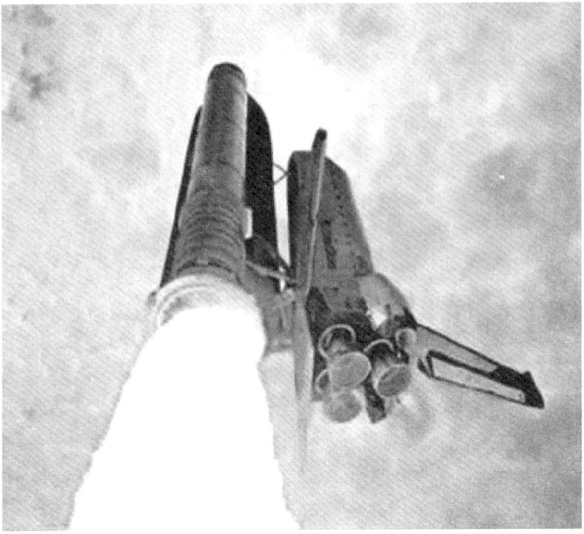

稀土材料用途广泛

国。稀土永磁材料的应用十分广泛，如在电动机和发电机上，在我们平常用的音响、扬声器、耳机、医疗器械、健身器械上，还有速度高达400千米/时以上的磁悬浮列车等制造领域。另外，电脑的许多部件也是由稀土永磁材料制成的。

还想知道稀土的其他用途吗？请继续看我们随后的介绍吧。

小问题

说说你知道的稀土的常规用途。

你知道稀土的特殊用途吗？

在各种材料中，稀土的作用真可以称得上神通广大。难怪稀土成为世界各国最重视的矿产资源之一呢。请看几个小例子：

特种玻璃

亲戚朋友一起聚会或者节假日出去旅游，往往会拍几张照片或者拍摄一段录像作为纪念。但是你知道吗？照相机和摄像机的镜头与稀土元素有着密切的联系。

光学系统的镜头需要折射玻璃，添加稀土氧化物制成的稀土光学玻璃具有高折射、低扩散的特点，正好能够满足这种要求。其中主要稀土元素是镧。稀土元素不仅广泛应用于各种透镜和镜头材料，还可用作光纤材料。正是由于有了稀土材料，跨太平洋的273000千米的环球光纤网络才得以实现。

精密陶瓷

酒后驾车造成的交通事故给我们带来的损失和痛苦是巨大的。你知道吗？在防止司机酒后驾车方面，也有稀土材料的功劳呢！

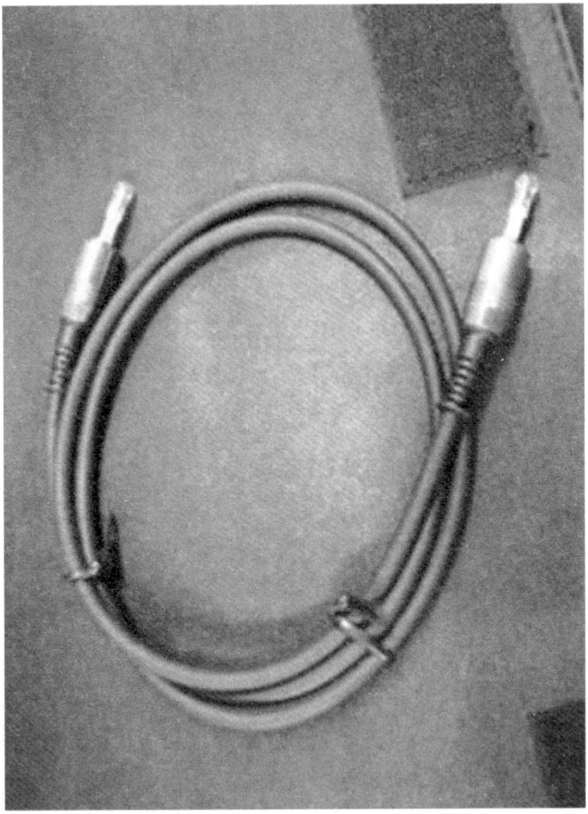

民用光纤

交通警察只要让司机向稀土陶瓷制成的检测器探头吹口气就可以判断驾驶员是否饮酒。

原来，有几种稀土和铁的合金对酒精特别敏感，是检测酒精最好的传感器；而另外一种稀土陶瓷则是最好的氧传感器，通过它可以提高燃料的燃烧效率，控制一氧化碳的排放，可以节约能源和保护环境。氧传感器广泛应用于汽车、发电厂、冶炼厂和化工厂等以燃烧为重要过程的领域。添加稀土元素还能使结构陶瓷具有良好的高温强度和韧性，适用于高磨损、强冲击和高温环境中，比如汽车和飞机的发动机零件。

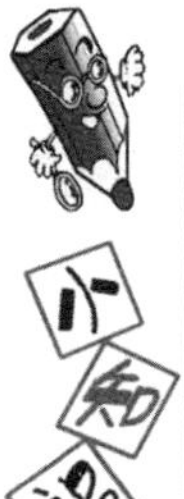

中国稀土资源十分丰富，多数稀土矿的蕴藏量居世界第一，其中有的占世界总蕴藏量的80%以上。甘肃金昌的镍矿、内蒙古白云鄂博的综合稀土矿等，都是世界上最大型的稀土矿之一。在内蒙古包头，还新建了稀土高新技术开发区。

贮氢材料

大家对电话最熟悉不过了，手机呢？用起来更加方便。大家对电脑也不陌生，而笔记本电脑更给我们工作和生活带来极大的方便。手机和笔记本电脑可离不开电池，目前

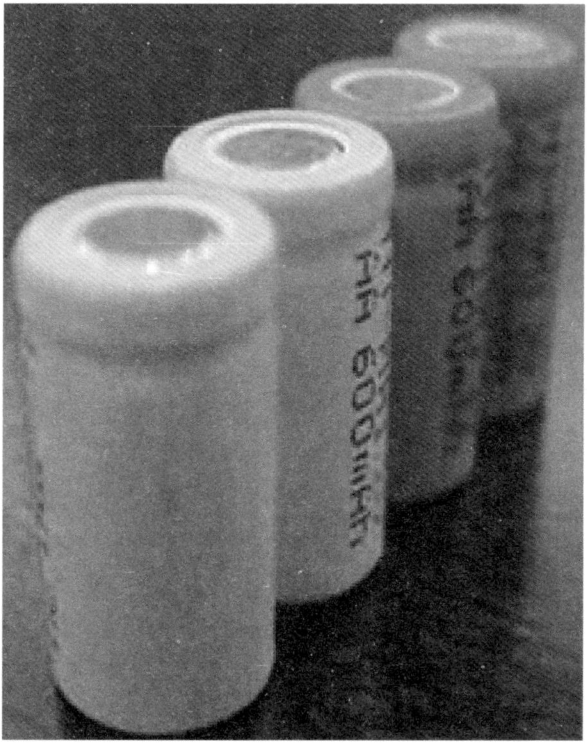

普通镍-氢电池

手机和电脑使用的主要是可充电镍-氢电池，稀土元素在镍-氢电池中扮演了重要角色。

用混合稀土金属和其他金属（主要是镍、镧）按照5:1的比例制成的化合物能很好地吸氢，被用作贮氢材料，用它制造可充电镍-氢电池阴极，容积大而且没有记忆效应和污染。

超导材料

2003年，世界第一条磁悬浮列车示范线在中国上海市进入商业运营，也是目前世界上运营最快的列车线路。该线路连接市区和浦东国际机场，运行时速为431千米，全程仅需8分钟。磁悬浮列车的问世应归功于稀土元素合金高温超导材料的成功研制。因为这种超导体和磁体之间具有排斥性，利用这一特性可以制造非接触、无摩擦的传动装置。

另外，石油裂化催化剂、稀土钢材、有色金属合金等也是稀土材料大显身手的传统领域。稀土元素在磁致伸缩材料、磁致冷材料、智能材料、稀土农肥、植物生长促进剂、稀土饲料、纺织印染、医用材料等方面都发挥着重要的作用。

风驰电掣的上海磁悬浮列车

小问题

谈谈稀土材料都有哪些特殊用途？

什么是晶体？

在寒冷的冬天，大家最爱玩的游戏是什么？当然是堆雪人、打雪仗了！漫天飞舞的雪花，给我们带来了无穷的乐趣。伸手接住一片雪花看一看，你会发现，每片雪花虽然大小和花样有点不同，但基本上都是规则的六角形。哈一口气，它立刻就变成了水。

显微镜下的雪花

晶　体

其实，雪花就是水在低温下结成的六角形的固体，用科学的术语讲，雪花是水在0℃时结成的一种晶体。雪是晶体，冰也是晶体，而它们都是水形成的。我们平时吃的盐也是晶体，而盐的成分是氯化钠。那么，究竟什么是晶体呢？

归纳一下雪、冰和盐的共同特点，我们就能得出这个问题的答案。尽管构成成分不同，雪、冰和盐的形态都是固体，而且形状规则。所以，晶体并不是一种特殊的物质，而是物质存在的一种特殊形态。大家知道，

物质有三种状态：气体、液体和固体。而固体又可以根据其内部构造特点，分为晶体、非晶体和准晶体三大类。晶体就是固体的一种形式。

自然界中的绝大多数矿石都是晶体，就连地上的泥土沙石也是晶体，日常见到的各种金属制品也属于晶体。可见晶体并不陌生，它就在我们的日常生活中。人们通过长期认识世界、改造世界的实践活动，逐渐发现了自然界中各种矿物的形成规律，并研究出了许许多多合成人工晶体的方法和设备。

目前，对新功能晶体的探索和研究正在蓬勃开展。这门学科主要包括对新型非线性光学晶体、激光晶体、光折变晶体、热释电晶体、复合功能晶体及其他功能晶体材料的探索和研究，根据现代科学技术对晶体性能的要求，对现有晶体进行改性研究。通过新功能晶体的研究，人类正越来越深入地挖掘晶体材料的潜力。

现在，人们既可以从水溶液中获得单晶体，也可以在数千摄氏度的高温下制取出各种功能晶体（如半导体晶体、激光晶体等）；既可以生产出重达数吨的大块单晶，也可研制出细如发丝的纤维晶体，以及只有几十个原子

氟化钙晶体颗粒

层厚的薄膜晶体材料。

丰富多彩的人工晶体已悄悄地进入了我们的生活，并在各个高新技术领域大显神通。

举出你生活中常见的几种晶体物质。

你能辨别晶体、非晶体和准晶体吗？

在合适的条件下，晶体通常都是面平棱直的规则几何形状，就像有人特意加工出来的一样。其内部原子的排列十分规整严格，比士兵的方阵还要整齐得多。如果把晶体中任意一个原子沿某一方向水平移动一定距离，必能找到一个同样的原子。而非晶体如玻璃、石蜡、沥青、塑料等，内部原子的排列则是杂乱无章的。准晶体是最近发现的一

名贵的珍珠饰品

水晶是和珍珠一样采用人工方法“养成”的吗？

类新物质，其内部原子排列既不同于晶体，也不同于非晶体，介于二者之间。

用肉眼很难从外观上区分晶体、非晶体与准晶体。一块加工过的水晶晶体与同样形状的玻璃（非晶体）从外观上几乎看不出任何区别。同样，一层金属薄膜（通常是晶体）与一层准晶体金属膜从外观上也看不出差异。那么，如何才能快速鉴定出它们呢？最常用的技术是X光技术。X光技术诞生以后，很快就被科学家用于鉴

水晶是典型的晶体，但是一旦被加工成形，往往和非晶体玻璃难以辨别

小知识

水晶的生长环境多是在地底下、岩洞中，需要有丰富的地下水来源，地下水又多含有饱和的二氧化硅，同时压力需要大气压力的2～3倍，温度则需在550～600℃，经过适当时间，二氧化硅就会依着“六方晶系”的自然法则而结晶成六方柱状的水晶了。

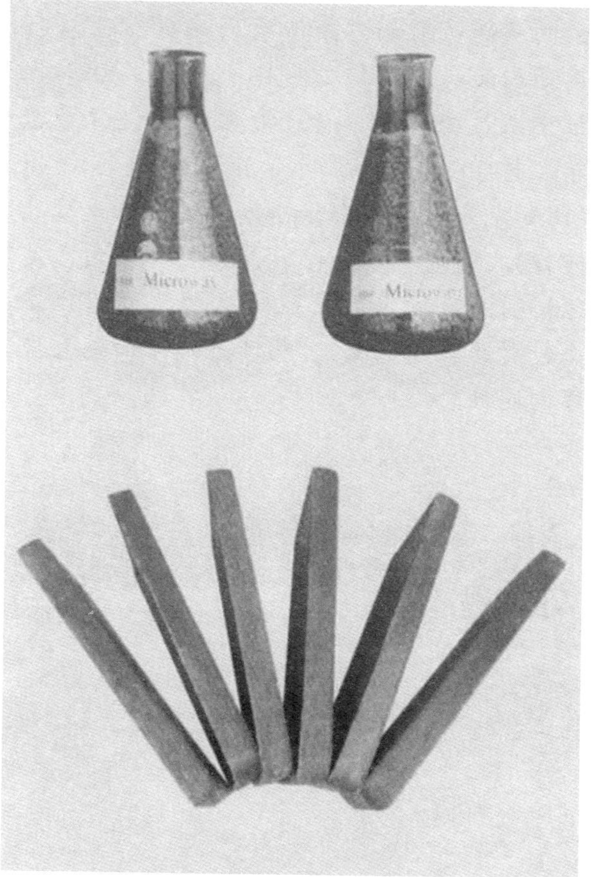

石蜡是非晶体

定固态物质。如果利用 X 光技术对固体进行结构分析，你就会发现，晶体、非晶体和准晶体是截然不同的三类固体。

由于物质内部原子排列的明显差异，导致了晶体与非晶体物理化学性质具有十分巨大的差别。例如，晶体有固定的熔点（当温度高到某一温度便立即熔化，而且在熔化过程中温度并不升高），物理性质（力学、光学、电学及磁学性质等）表现出各向异性(比如光线在水晶中传播方向不同，速度也不一样)。而玻璃及其他非晶体（亦称为无定形体）则没有固定的熔点（从软化到熔化在一个较大的温度范围），物理性质方面则表现为各向同性。

小问题

水晶能够用人工的方法来“养成”吗?

玻璃材料多才多艺的美誉是怎么来的？

玻璃是我们最熟悉不过的材料。据历史记载，它是公元前2500年美索不达米亚（今伊拉克和叙利亚）和埃及的能工巧匠们发明的，从那时起，晶莹剔透的玻璃一直装点着我们的生活。

人们把玻璃称为一位“多才多艺”的魔术师，是因为它的晶莹透明，可以制作成艺术品，就连敲击它时的声音也那么清脆动

教堂的彩色玻璃

听。透过它既可以观察到遥远的天体，也可以观察到细胞那样的微观世界。经特殊处理的新型玻璃更是神通广大。

在古代西亚和欧洲，玻璃制作是一项严格保密的技术，代代秘传。玻璃的珍贵一度可以与宝石媲美，在象征着信仰的教堂里，窗户上镶嵌很多彩色玻璃图画，它们的制作非常精美，艺术价值极高。

玻璃幕墙装饰于高层建筑物的外表，覆盖建筑物的表面，看上去好像罩在建筑物外表的一层薄帷。随着科技的进步，玻璃的用途早已不仅限于传统的几个狭窄领域，比如，光学玻璃纤维能传递电话和电视信号，玻璃陶瓷可以用来制造导弹的头锥和口腔里的假齿冠。在军事上，许多尖端武器中都有用玻

在日常生活中，玻璃制品随处可见

小知识

玻璃幕墙

特别是应用热反射镀膜玻璃，将建筑物周围的景物，蓝天、白云等自然现象，都映衬到建筑物的表面，从而使建筑物的外表情景交融，层层交错，大有变幻莫测的感觉，具有熠熠生辉、光彩照人的效果。玻璃幕墙也从当初的采光、保温、防风雨等较为单纯的功能，变为多功能的装饰品了。

璃制成的材料。本篇我们还将向大家介绍几种新型玻璃材料，它也许会叫你大吃一惊！

玻璃是一种经过高温烧结的无机非金属化合物。它的透明度好、机械强度高、不易导热、经久耐用，并可以方便地做成各种颜色。

玻璃之所以具有这些特点和功能，奥秘在于它的内部结构与众不同：它虽然具有固体的形状与硬度，但由于原子排列非常不规则而使其具有液体的特性。目前科学家们还在继续试验用新材料制造玻璃混合物，寻找它的新用途。

安装了玻璃幕墙的餐馆

小问题

翻一翻历史资料，看看为什么古人对玻璃技术要保密？

半导体材料：现代化的大功臣

现在，居住在城市里的人都已经习惯了用电视、计算机网络来获取信息和参与娱乐节目，仅凭收音机来获取信息的人越来越少了。可是在我们的爷爷奶奶那个时代，收音机就像今天的电视和网络，是非常重要的信息接收工具。那个时候人们把收音机叫作半导体，因为制造收音机的主要材料就是半导体。

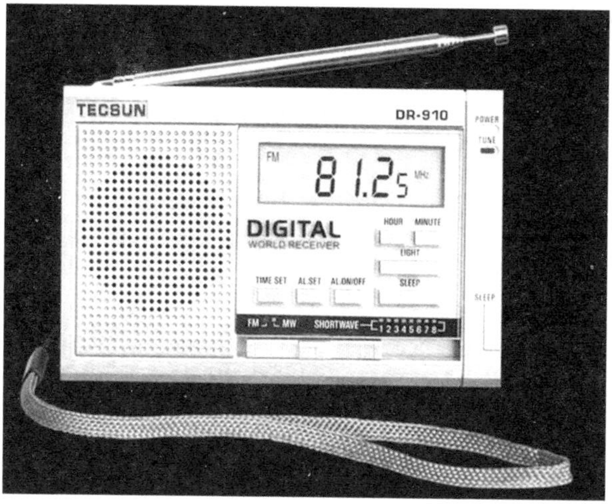

半导体收音机

今天，你可别以为半导体的时代已经过去了，实际上，电视、计算机、网络这些最先进的信息传播工具没有一个离得开半导体，我们对于半导体的依赖不是更少了，而是更多了。

小知识

超高纯度材料

制造超大规模集成电路时，对半导体单晶材料有相当高的要求。晶体中每一粒细小的杂质灰尘或每一个微小的晶体缺陷，即使在显微镜下也无法看到，也会成为隐藏在器件中的一颗“定时炸弹”，往往会使整个集成块报废。所以，在制造半导体单晶、薄膜和器件时，除了要求超净的工作环境、精密的控制系统之外，对原料纯度还有极高的要求。例如，有的半导体器件要求材料的纯度高达13个“9”，即达到99.99999999999%，也就是说材料中总的杂质含量必须控制在10^{-12}以下。

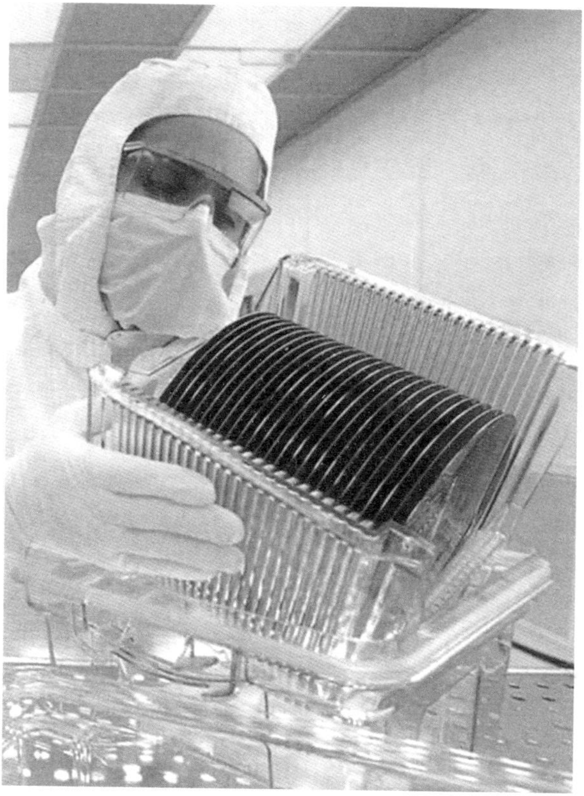

半导体单晶硅片

根据物体的导电性，我们将物体分为导体、半导体和绝缘体。导体就是能够导电的物质，如铜、铁、铝等；绝缘体就是不能导电的物质，如塑料、橡胶、木材等；而半导体介于导体和绝缘体之间。它的导电性能与温度的高低有密切的关系，在某些温度下导电，某些温度下可能就不导电了。而电阻则是指导体在导电的时候都对电流有一定的阻碍作用，电阻越大，对电流的阻碍作用就越大。导体都有一定的电阻，而绝缘体的电阻为无穷大，所以电流不能通过。

最常见的半导体材料有硅、锗、砷化镓和硒化锌等。正是半导体晶体，创造了信息技术里的奇迹。

最早得到应用的半导体元素是硒晶体。1923年，科学家用硒制造出了第一只半导体整流器，可以把交流电转变为直流电。三年后出现了氧化亚铜整流器。真正作为现代半导体材料起点的当数锗单晶。1947年，科学家发明了第一只锗晶体管。1950年，科学家用提拉法制造出第一块高完整性的锗单晶。此后，各种半导体材料提纯技术、单晶生长技术、薄膜技术及器件制造技术如雨后春笋般地迅速发展起来了。整个世界也随之发生了天翻地覆的变化。

科学技术的发展有时真是令人难以想象。有谁能想到，20世纪40年代一台需要用一座二层楼房安放的电子计算机，现在只要用一个火柴盒即可装下。这经历了一个从电子管到晶体管又到集成电路，再到超大规模集成电路的发展过程。

1958年，科学家们宣布，世界上第一块集成电路板诞生了！它宣告了集成电子时代

应用大规模集成电路技术制造的电脑芯片

的到来。所谓集成电路，就是在一块很小的半导体晶片上，采用特殊制造工艺，把许许多多晶体管、电阻、电容元件安装在上面，形成一个十分紧凑的复杂电路。10年以后，科学家已可在米粒大小的硅片上集成1000多个晶体管，开始了大规模集成电路时代。又一个10年过去了，在一片米粒般大的硅片上竟然可以集成15.6万个晶体管！这就是我们所说的超大规模集成电路。这是何等的巧夺天工啊！

掌上电脑

随着超大规模集成电路的发展，计算机的体积变得越来越小，运算速度也越来越快，它给我们的生活和工作带来了巨大的变化。

小问题

看看你的身边哪些物质是导体？哪些是半导体？哪些是绝缘体？

你能说说磁性材料的应用吗？

在我们的日常生活中，磁性材料无处不在。以汽车为例，从发动机到电动车窗、雨刷等，一辆汽车要用数十个大小不等的电动机，而要制造电动机，需要大量的永磁材料作为定子或转子。

几乎所有的家用电器都要使用变压器，简单地说，变压器就是在一个软磁材料做的铁芯上套着两组线圈；录音机和录像机的磁

各式各样的磁卡

头与磁带、电话磁卡和信用卡、计算机硬盘和软盘等都要使用一种特殊的磁性材料——磁记录材料存储信息；电冰箱门的四周有一种带磁性的塑料，它是由磁性粉末和塑料混合而成，有了这种磁性门封条，可以将电冰箱和钢铁门框吸在一起，有利于密封和保温。

当我们走进现代化的超级市场和书店，在出入口经常看到奇形怪状的“门”。这实际上是商场用来防止商品被盗的检测器。原来，在商品内部或包装上贴有一种含特殊磁性材料的标签，顾客购买商品后，售货员要对商

变 压 器

磁铁为什么不吸铁了?

磁铁的磁性有时候会变弱甚至完全消失，这是怎么回事？原来，在受到强大的外力作用，如用力摔打、强磁场干扰，磁铁内部原来方向一致的原子磁矩会重新变得杂乱无章，从而相互抵消，使得磁铁不再显出磁性，而不能吸铁了。当然，经过磁化，还可以恢复磁铁的磁性。

品中隐藏的磁性材料进行消磁处理。如果携带没有进行消磁处理的商品经过出口时，检测器周围的磁场就会因为这种磁性材料而发生异常，从而发出警报。防盗标签所使用的磁性材料各不相同，有软磁材料，也有永磁材料，有的还能多次使用。比如公共图书馆的书上贴的磁性条码，每次出借都要消磁，还回的时候又磁化，以便再次出借。

磁性材料对我们的健康也有不小的帮助，可以帮助诊断和治疗疾病。前面说到，所有的物质和原子核都是有磁矩的，根据

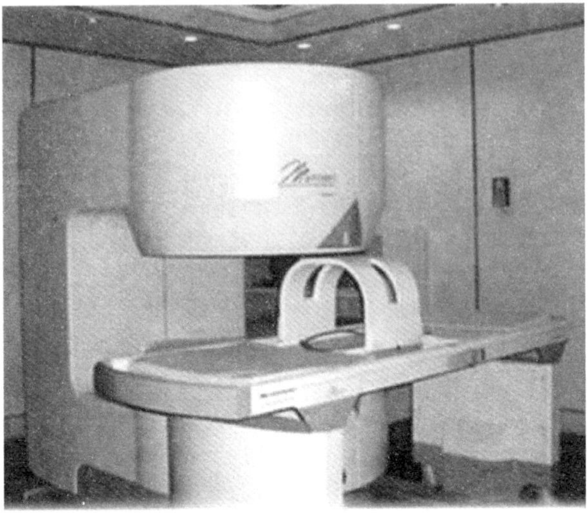

核磁共振设备

这个特点，可以对人体的某一部位施加特殊的磁场，然后探测某种原子在磁场中的状态变化，运用计算机图像分析技术，便可获得人体组织的信息，帮助确定病变部位，这就是核磁共振成像技术。此外，人们熟知的磁疗就是利用恒定磁场或者脉冲磁场作用于病灶或穴位，用于某些疾病的辅助治疗。

小问题

为什么超市里的商品不经过收银员的处理，通过出口时，警报器会发出警报？

塑料：材料世界的污染大户

我们一般称为“塑料”的物质是一个包括很多材料的大家族，全部由合成树脂组成，这就是聚合物。大部分聚合物具有强度高和重量轻的特性，导电、导热性很差，具有抗化学和大气腐蚀的作用，易于塑造成形。因此，用塑料可在短时间制成形状复杂的产品。与金属生产相比，塑料加工更简单、更经济。

聚合物的分子非常大，有时甚至是几百

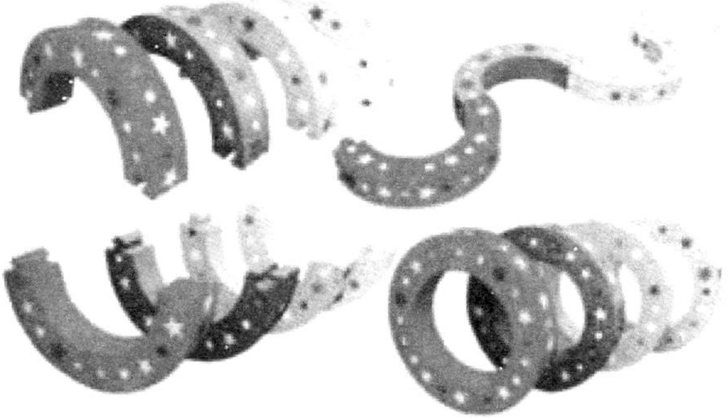

塑料制成的玩具

小知识

高分子材料中的塑料具有优异的化学稳定性、耐腐蚀性、电绝缘性、绝热性、优良的吸震和消音隔声作用，并具有很好的弹性，能很好地与金属、玻璃、木材等其他材料粘接，易加工成型。因此，在四大工业材料中，塑料的数量、作用、地位、应用范围急剧扩张，节节领先，大量代替金属、木材、纸张等，广泛应用于国民经济的各个领域。20世纪60年代末期，在结构材料的总消耗中，黑色金属占60%；90年代，合成塑料占78%，黑色金属占19%。可以说，没有任何材料像塑料一样有如此广泛的用途。

万个相同的小分子头尾相接而得到一个极长的分子。聚合物也称高分子化合物，它并不都是人工合成的。在自然界也有天然的大分子，比如各种蛋白质、淀粉以及木材的主要成分纤维素都是高分子物质。与一个水或氧的分子相比，高分子化合物的一个分子要比它们大数十倍乃至千万倍。

对天然聚合物进行加工可获得人造聚

合物，使物质的某种特性得到加强，从而增强它的性能。用纤维素可以生产人造丝，它可以像蚕丝一样细、光滑，但强度比蚕丝高得多。

塑料作为人类最伟大的发明之一，自19世纪60年代面世以来，受到大家的普遍欢迎。塑料制品质地轻薄，色彩鲜艳，造价低

塑料垃圾成为社会问题

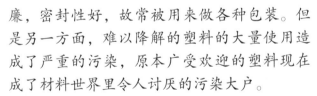

塑料垃圾造成的白色污染

廉，密封性好，故常被用来做各种包装。但是另一方面，难以降解的塑料的大量使用造成了严重的污染，原本广受欢迎的塑料现在成了材料世界里令人讨厌的污染大户。

人们在生活中已经习惯用完塑料制品就扔，开始谁也没有想到这种在无意间制造的垃圾会引起弥漫全球的污染浪潮。现在，不仅仅在陆地上，据报道在8000米深的太平洋深处，垃圾也多如牛毛，其中大多数是塑料食品袋、包装袋和瓶子，由于它们百年后也难降解，已经成为世界公害。中国的塑料污染也十分严重，通过十大城市的统计表明，塑料垃圾每天的产出量多达3000吨，而且数量还在增加；2010年，中国人均塑料制品使用量达到46千克，超过世界同期人均40千克的水平，可见问题之严重。

污染归污染，塑料还是给我们的生活带来了很多方便。塑料不是不可用，关键是如何治理它带来的污染。除了减少使用不可降解的塑料外，更重要的是要尽量回收利用废旧塑料和开发新型的可降解塑料。只有在生产、使用、处理三个方面都把好关，塑料污染才能降到最低。

小问题

思考一下，为什么白色污染屡禁不止？

你知道塑料的新用途吗？

随着绿色环保浪潮的兴起，人们环保意识的回归，给治理严重的白色污染带来一线转机。如何消除掉这些废弃的塑料呢？人们开始在利用废旧塑料方面动起了脑筋。一位女服装设计师在巴黎举办了题为“再生服饰”的服装表演，引起了世人的关注。她利用冷冻食品袋、咖啡袋的塑料垃圾为面料，做成了各式各样别出心裁的时装，也使人们

塑料制品是生活垃圾中最难处理的部分

看到了废旧塑料回收利用的可行性。近年来，国外有一些“垃圾”服饰，其原料就是来自回收的旧轮胎、塑料瓶等废物。

当然，采用废旧塑料制作服装并非轻而易举。首先，要把那些不同原料的塑料区分开来就非常困难。不过这并没有把人们难倒，定时熔融法成功解决了这个问题。用废旧塑料制成的绒毛织物，其80%的原料来自回收的饮料瓶，而且这种材料的手感、强度、色彩、牢度和缩水率都丝毫不比正宗原料生产的同类产品差。

那么硬脆的光滑的塑料瓶是如何摇身一变成为柔软温暖的衣料的呢？让我们来看几个例子。

矿泉水瓶做套衫

先将矿泉水瓶磨碎，然后加热熔化，提纯，最后抽丝纺纱。通常，制成一件普通套衫需要27个普通大小的矿泉水瓶子。据开发人员称，目前利用这项技术最大的困难是去除杂质，包括染瓶用的染料、不同成分的瓶盖、纸标签、粘胶和化学添加剂等。正是这些杂质，使塑料纺纱机器时常堵塞。因此，对于熔化的塑料，必须先经过过滤并放在溶液中冲洗，才能使其纯度达到99.8%，

你相信这些瓶子能做成衣服吗?

目前，采用这种技术制成的套衫已经在法国面世。

塑料瓶制夹克衫

这是一项由美国多家专门研制聚酯纤维的公司研究推出的技术。他们把塑料碾成颗粒状，然后设法去除杂质。此项技术的关键是要在清除杂质的同时保持塑料特性，并要调节熔化塑料的温度、流速及压力。采用这种方法制作一件夹克衫要20个塑料瓶子，它具有软、轻、保暖的特性。不足之处是，它的成本比正常生产方法要高40%。

塑料织毛衣

西班牙西北部奥洛特市的一家纺织公司用塑料为原料织制毛衣获得成功，他们称这是对传统毛衣的一次革命，这种新型毛衣的

原料是制造汽水瓶子的聚丙烯。这家公司采用塑料毛线编织的三种毛衣一推出就受到了消费者的喜爱，与普通毛衣相比，有许多优点：洗后易干，表面不起球，经久耐用。

废旧塑料制鞋

美国一家制鞋公司用二十多种回收材料生产各种运动鞋、旅游鞋和拖鞋，连鞋盒也由回收塑料制作。这场再生利用运动的倡导者是一位环境保护主义者。这种鞋的材料包括汽车旧轮胎、废塑料等多种垃圾材料，这类材料占其产品原料的60%～75%。其中，鞋面材料采用

小知识

塑料变石油

有一类塑料的主要成分是聚乙烯类物质，这种物质是一些有机大分子物质，是石油化工的一种重要产品。制造塑料的主要原料便是石油和天然气。能不能让来自石油的塑料又变回石油呢？人们正在研究一种技术，即如何能将塑料还原为石油，如果成功，就能真正实现塑料的循环利用了。

从石油化工厂走出来的塑料产品，能够再还原为石油吗?

旧衣服、旧棉帆布；鞋底采用旧轮胎、废塑料，鞋后跟及鞋舌采用废弃沙发内棕。

目前，治理白色污染已经成为世界性高科技课题，也是各国立法治理的焦点。随着新型环保包装材料PET在全球的推广，环保塑料日渐成为重要科技项目。目前，中国也对这一课题给予重点支持，国内高等院校实验室和科研机构也在着手研究塑料回收及再生利用计划。我们相信，塑料的回收利用，必将取得丰硕成果。

小问题

想一想，你有什么办法利用废旧塑料?

泡沫塑料是怎么做出来的？

大家知道什么是泡沫塑料吗？在公园里，在居民小区的儿童游乐园里，我们都可以看到泡沫塑料蹦蹦床，孩子们在许许多多泡沫塑料制作的小球堆里，欢快地蹦来蹦去，即使摔倒了也不会疼，因为泡沫塑料非常轻，

用泡沫塑料制成的包装材料

一般沙发用软质泡沫塑料作为填充物

非常柔和，还富有弹性，摔在上面还有一种很舒服的感觉呢。

为什么泡沫塑料会给人这样的感觉呢？这是因为它的密度非常小，是密度最小的固体。如果我们拿它和水比较，它的密度只有水的几十分之一，也就是说，如果我们用一样的桶来装水和泡沫塑料，那么几十桶泡沫塑料才有一桶水那么重！咱们小朋友都能举起体积很大的泡沫塑料呢。

泡沫塑料是怎么制造出来的呢？

泡沫塑料里有很多很多的微气孔，就像馒头和面包一样。蒸馒头的时候，我们使面粉发酵，发酵的过程中产生了大量的二氧化碳气体，气体使面粉膨胀起来，并且产生了很多小孔，所以做出来的馒头松软多孔。

制作泡沫塑料的原理也和蒸馒头一样。在它处于熔融状态时，加入气体，其中就产生很多微孔，冷却之后，这些孔就在塑料内部保留下来。泡沫塑料也有很多种类，比如我们做沙发用的和用来保护易碎品的两种泡沫塑料就不同，前一种是软的，后一种是硬的。

泡沫塑料在生活中随处可见，比如用泡沫塑料做得非常轻非常舒服的鞋子、装食物

小知识

功能多多的泡沫塑料

泡沫塑料不但具有质量轻、柔软等特点，它还有很好的隔音和隔热功能。如果将它填充在墙壁中间，即使墙的那一面非常吵，我们这边也很难听到；家里的冰箱之所以能保持低温，除了靠压缩机制冷以外，隔热也是一个重要原因。冰箱的四壁那么厚，就是为了在两层薄铁皮之间放置一层厚厚的泡沫塑料作为隔热层。

电冰箱的隔热层是用泡沫塑料制成的

用的快餐盒、游泳用的救生圈、家里的沙发等。

小问题

说说你的身边哪些地方使用了泡沫塑料？

橡胶材料从哪里来?

橡胶是我们生活中不可缺少的材料。在我们身边有很多东西是由橡胶做成的。如雨衣、胶鞋、电线包皮、自行车轮胎、汽车轮胎等。在高科技领域，从飞机到火箭，再到宇宙飞船，也都离不开橡胶。

橡 胶 树

橡胶轮胎

橡胶是从哪来的呢？和其他材料大不相同的是，橡胶居然是从树上采集而来的，它是一种天然的植物材料。最早，橡胶是美洲的印第安人无意中发现的。他们用刀去砍一种树的表面，发现树皮的刀伤处会流出一种乳白色的液体，这种乳白色的液体在空气中很快变成一种不透明的胶状物质，这种物质非常柔韧，也不透水，可以将它涂抹在一些容易断开的地方，既可以帮助黏合，又可以防水。后来有位美国科学家发现，这种胶体能够擦去铅笔的字迹，就给它取名为“rubber”——

橡皮。不过除了做文具用时叫“橡皮”外，其他地方都被称为橡胶，而那种能流出橡胶的树也就叫作橡胶树了。

由于橡胶用途广泛，随着工业的迅速发展，人们对橡胶的需求量也越来越大。靠橡胶树产出的天然橡胶难以满足生产的需求，于是人们就开始考虑是否可以人工生产橡胶。人们对橡胶的结构进行分析，发现它是由高分子化合物组成的，具体地讲，就是由许多有机分子连接而成，如果把橡胶看成很长的链，那么一种叫作“异戊二烯单体”的分子便是上面的一个个环节，它们互相纠缠在一起，用力去拉，还能分开，所以橡胶具有弹性。现在，人们已经制造出了人工橡

小知识

创可贴是橡胶做的

当你不小心弄破了皮肤或由于其他原因出血时，所用的创可贴，就是主要由橡胶为原料做成的，这是一种人工橡胶，它还具有良好的透气性，有利于伤口的愈合。

创　可　贴

胶，它在弹性和耐热等方面甚至超过了天然橡胶，造价也很便宜，得到大量的生产和应用。

小问题

为什么橡胶具有弹性?

什么是功能陶瓷？

我们在本节中向大家介绍的是功能陶瓷，与我们日常生活中使用的陶瓷有较大的区别。那么功能陶瓷都有哪些独特的功能？它与我们的生活又有什么关系呢？

功能陶瓷是一类有灵气的材料，它们有的能感知光线，有的能区分气味，有的能储存信息……因此，说它们多才多艺一点都不过分。它们在电、磁、声、光、热等方面具备的许多优异性能令其他材料难

压电陶瓷制成的引爆装置能够提高反坦克火箭的威力

压电陶瓷频率器件

以企及。功能陶瓷总体上可以分成三大类：敏感陶瓷、压电陶瓷和磁性陶瓷。

敏感陶瓷有着对温度、声音、压力、颜色和光线等的变化非常灵敏的感觉，并能将其转变成电流或电压的变化显示出来。凭着这手硬功夫，它在自动化检测仪表和设备控制装置等方面大显身手，技艺超群。

压电陶瓷是经过特殊处理的陶瓷。它在力的作用下，能将机械能变成电能；在电场作用下，又能把电能变成机械能。它的这种特长被军事专家用在反坦克上。攻击坦克时，将安装有用压电陶瓷制成的引爆装置装在炮弹头上，当炮弹与坦克相碰时，陶瓷元件就将碰撞产生的压力变成电压，从而引发炮弹爆炸。

小知识

透明功能陶瓷材料是用在光学上透明的功能材料，它具有优异的电光效应。透明陶瓷可以被制成各种用途的电-光、电-机军民两用器件：光通信用的光开关、光衰减器、光隔离器、光学存储、显示器、光纤对接、光纤熔接以及光衰减器等方面应用的微位移驱动器。

而磁性陶瓷则是一种带磁性的陶瓷材料。由于它的电阻比金属磁性材料高得多，加之原料丰富，生产成本低，因而被用作电子计算机磁性存储器的磁芯和电子设备的微波元件等，很有发展前途。

日常生活中经常使用的陶瓷制品

小问题

想一想，压电陶瓷可以用在哪些方面？

为什么说金刚石是材料世界的大力神?

大家知道什么是金刚石吗？其实金刚石就是生活中常说的钻石。

钻石是饰物中的极品

金刚石是自然界中最坚硬的物质，有着坚不可摧的本领，用它来做刀刃，能够轻而易举地切割玻璃；如果是电动刀，甚至可以削铁如泥；用它来做石油钻探机的钻头，它能够钻到地面以下几千米的地方；用它做锯片，切割大理石也是小菜一碟。

金刚石除了硬度高外，还具有导热不导电、透光、摩擦系数低等特点；用途十分广泛，如用于半导体器件的封装，制作电子显微镜，制造轴承、磁头，许多专业音响设备里也都缺不了它。

金刚石能人工制造出来吗?

经过专门工艺切削的金刚石折光性能非常好，能折射出璀璨夺目的光芒，人们用它制成首饰，把它称为“珠宝之王”。由于金刚石的天然储量比较低，而且开采也比较困难，远不能满足人们的需要，因此非常昂贵。这样，人造金刚石也就变得十分必要；1955年，科学家在高温、高压的条件下，把石墨变成了金刚石，从而使人造金刚石这一新兴行业得到了迅速发展。

咱们用的铅笔芯的主要原料是石墨，它很软，怎么能够变成坚硬无比的金刚石呢?

其实，从化学上讲，金刚石和石墨一样，

石　墨

都是由碳原子构成的原子晶体。两者的区别在于它们内部碳原子排列的队形不同。石墨内部的碳原子排列的是一种层状结构，在物理性质上就表现得比较软；而金刚石则不同，它的每个碳原子都和几个碳原子相连接，互相构成一种空间网状结构，每个碳原子与其他碳原子之间的连接非常稳固，因此在物理性质上就表现得异常坚硬。要得到金刚石，就要想办法将石墨的原子排列方式改变为金刚石的原子排列方式。这就需要人为地提供高温和高压。

2010 年 12 月，日本科学家成功合成了世界上最坚硬的金刚石，其直径超过 1 厘米。这种新型的金刚石被命名为“媛石”，

小知识

“罪魁祸首”金刚石

世界上的金刚石矿大部分都集中在非洲的南非等几个国家。出口金刚石就成为这些国家经济收入的最主要来源之一。但是，由于国家之间和部落之间对金刚石矿的争夺，也引发了许多国家之间和部落之间的冲突，甚至是战争。璀璨夺目的金刚石给这些地方也带来了巨大的灾难。

它比普通金刚石坚硬很多，而且寿命也要长好几倍。

小问题

同是碳原子组成，为什么金刚石很硬，而石墨很软呢？

第二篇
新材料：未来的希望

压不坏蒲公英的轻型材料

2011年，美国研究人员研发出世界上最轻的固体材料。这种材料的空气比重达到99.99%，密度每立方厘米只有0.9毫克。取出一小块来，放在蒲公英上面，竟然不会压坏它的籽！

这种新材料由微小的中空金属管构成，金属管的直径只有人类头发的1‰。材料的结构是一连串的十字形对角线图案，中间留

可以放在蒲公英上的轻型材料

新型材料的结构有点像埃菲尔铁塔

出一个小空间，好像栅格一样。特殊结构使得这种材料的重量只有聚苯乙烯泡沫塑料的1%，比轻型材料之王——气凝胶还要轻，且拥有极高的能量吸收能力。未来，这种新材料可用于制造隔热装置、电池电极以及一系列吸收声音、振动或者冲击波的产品。

人类太需要轻便又耐用的轻型材料了。无论是航空、航天，还是建筑、交通，材料越轻，就意味着越是轻便，越是节能。

小知识

轻型材料之王——气凝胶

目前已经普遍使用的密度最小的固体材料是气凝胶，号称轻型材料之王。这是一种高度排除了水分的凝胶，因此有很多种类。目前最轻的是硅气凝胶，每立方厘米仅重1毫克，其内部99.8%以上是空气。硅气凝胶看起来透明而略带蓝色，所以也被叫作“冻结的烟”或“蓝烟”。气凝胶的强度令人难以置信，它可以承受相当于自身质量几千倍的压力，其熔点更高达1200℃。气凝胶隔热效果极佳，一寸厚的气凝胶相当20～30块普通玻璃的隔热功能，在俄罗斯和平号空间站和美国火星探路者的探测器上都用这种材料做隔热层。

大自然早就制造出实用的轻型材料，今天，轻型木材还被用于汽车制造业中。雪佛兰跑车诞辰50周年纪念上Corvette汽车的地板就是用白塞木（轻木）的木芯制成的，它是一种类似于三明治的人造夹板。这种利用了白塞木的汽车地板强度比以前的单层合层板增强了10倍。白塞木内部的蜂窝式的构造，也更有效地减少了汽车的震动和噪声。

轻型金属材料在家具应用中表现出很好

的优势。它的强度和硬度都在木材之上，轻巧的比重让我们更方便移动位置。

碳素纤维复合材料是广泛使用的轻型材料。这种材料非常轻，比重仅相当于铁的1/5，而且其强度相当高，差不多是铁的10倍，并且不生锈、耐腐蚀。

碳素纤维复合材料经过一系列的工艺加工，看似柔软如绳的纤维组织也可以变得如铁一般坚固。在航空工程中大量采用碳素纤维复合材料，而采用复合材料是航空器轻量化设计的关键之一，因为机体越轻，燃效就

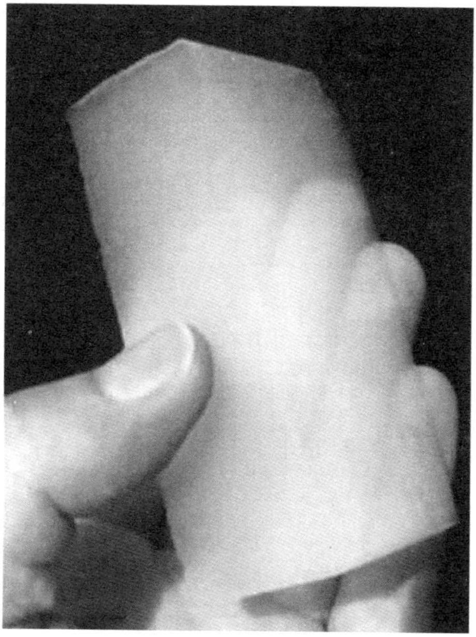

气 凝 胶

越高，同样多的燃料，就能飞行更长的距离。在宝马 M3CSL 上，也大量采用了碳素纤维复合材料代替原来广泛使用的钢材，使 M3CSL 的整车总量降至 1385 千克。

以往，碳素纤维复合材料采用热硬化性树脂，因所需时间较长无法实现量产，只能应用于价格高昂的高级车。技术不断进步，新型碳素纤维复合材料是以混合热可塑性树脂为中间体，使得碳素纤维迅速地在其上成形，成功地把模塑循环时间缩短至不到 1 分钟，为碳素纤维复合材料的量产提供了技术保障。越来越多的交通工具用上了这种轻巧又安全的材料。

轻型材料极大地方便了我们的物质生活。在科技发达的今天，我们也期待着轻型材料带给我们新的惊喜。

小问题

你知道有哪些轻型材料？

最薄、最坚硬的轻型材料——石墨烯

“琢磨”铅笔芯也能得诺贝尔奖。2004年，英国科学家安德烈·海姆和康斯坦丁·诺沃肖洛夫发现，他们可以用一种简单的方法使得石墨薄片越来越薄。他们从石墨中剥离出石墨片，然后将薄片的两面粘在一种特殊的胶带上，撕开胶带，就能把石墨片一分为二。不断地这样操作，于是薄片越来越薄，最后，他们得到了仅由一层碳原子构成的薄片，这就是石墨烯。2010年，这种神奇材料的诞生使安德烈·海姆和康斯坦丁·诺沃肖洛夫获得诺贝尔物理学奖。

石墨烯的结构

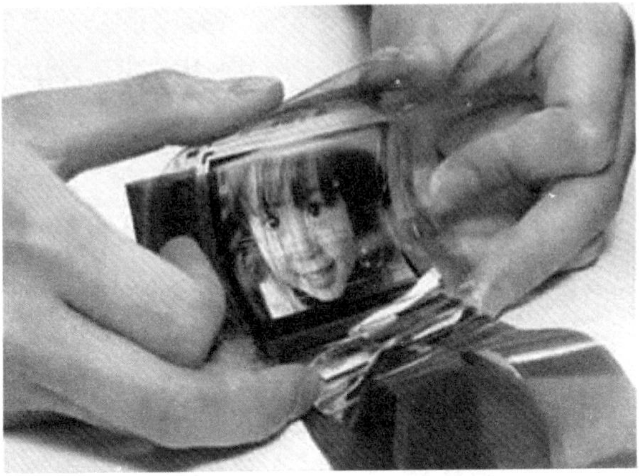

用石墨烯制造的可以卷曲的显示屏

石墨烯的出现在科学界激起了巨大的波澜，人们发现，石墨烯具有非同寻常的导电性能和超出钢铁数十倍的强度和极好的透光性。在石墨烯中，电子能够极为高效地迁移，它比传统的半导体和导体，例如硅和铜都要表现得好。由于电子和原子的碰撞，传统的半导体和导体用热的形式释放了一些能量，目前一般的电脑芯片以这种方式浪费了70%～80%的电能，石墨烯则不同，它的电子能量不会被损耗，这使它具有了非同寻常的优良特性。

石墨烯是迄今为止世上最薄却也是最坚硬的纳米材料，号称“最便宜的超级材料”。石墨烯的未来应用前景十分广阔。

在电子器件方面，石墨烯受温度和掺杂效应的影响很小，从而使电子工程领域极具吸引力的室温弹道场效应管成为可能；它的导电性能可以作为硅的替代品，能用来生产未来的超级计算机；由于石墨烯是透明的，用它制造的电板比其他材料具有更优良的透光性。

人们完全可以期待基于石墨烯的太阳能电池和液晶显示屏了，它们都可以随意地弯曲。用石墨烯做的光电化学电池可以取代基于金属的有机发光二极管。此外，石墨烯也可以取代灯具的传统金属石墨电极，且更易于回收。石墨烯还可以应用于晶体管、触摸屏、基因测序等领域，同时有望帮助物理学家在量子物理学研究领域取得新突破。

小知识

石墨烯手机

2012 年 1 月，江南石墨烯研究院对外发布，全球首款手机用石墨烯电容触摸屏在常州研制成功。这是一款完全基于石墨烯薄膜的手机触摸屏模组的工艺流程而调试制成的手机。石墨烯良好的商业价值和广阔的市场前景，拓宽了未来柔性电子显示器件和柔性太阳能电池等产品开发的商业化空间。

单层石墨烯薄到不可思议,但强度却超过钢

中国科研人员发现细菌的细胞在石墨烯上无法生长，而人类细胞却不会受损。利用这一点，石墨烯可以用来做绷带、食品包装甚至抗菌T恤。

借助石墨烯，也许不久就可以用来开发制造出纸片般薄的超轻型飞机材料、制造出超坚韧的防弹衣，甚至能让科学家梦寐以求的3.7万千米长太空电梯成为现实。

2011年4月美国IBM公司向媒体展示了其最快的石墨烯晶体管，该产品每秒能执行1550亿个循环操作，比之前的试验用晶体管快了一倍。同年11月，韩国科研人员制造出了一种以可伸缩的透明石墨烯作为基底的新型晶体管。由于石墨烯具有出色的光学、机械和电性质，新型晶体管克服了由传统半导体材料制成的晶体管面临的很多问题。

小问题

说说石墨烯有哪些用途。

金属也可以像泡沫塑料吗？

如果有人告诉你，一块铁可以像泡沫塑料一样地在水中浮起来，你会相信吗？通常我们所见到的金属材料大都是致密的，一般都很坚硬。但是如果采用特殊的生产工艺也可使金属内部产生很多孔隙，这种金属被称为多孔性金属。

多孔性金属可以分为多泡性金属和通气性金属两类。两者的区别是前者的孔隙是独立的，和外部没有联系，就像我们日常生活中所见到的蜂窝一样（不过，多孔金属的孔可没有蜂窝的孔那么大，它的孔是极其细小的，甚至我们肉眼都看不到），而后者是连续相通的。

多孔性金属中孔隙占总体积的百分数称为孔隙度，它是衡量多孔体金属的重要指标，孔隙度越大，说明金属里面的孔隙越多。大家想想，如果把它放大，是不是很像泡沫？所以，人们把孔隙度达到 90% 以上，具有一定强度和刚度的多孔体金属称为泡沫金属。这种金属孔隙含量高，而且孔隙直径

用泡沫铝材制作的管道吸声器

可达毫米级，几乎是连通孔，因而它属于通气性金属。

泡沫金属可以达到省能源、省资源的目的，适应现代工业制品发展的需要。与块状材料相比，泡沫金属具有以下几个特点：

第一，质量轻。同样体积大小的金属，其中所含的孔隙越多越大，就越轻。当孔隙度为 90%时，大部分金属比相同体积的水还要轻。当孔隙度达到 90%以上，铁就可以成为在水上漂浮的泡沫铁。但是，孔隙的大小和在金属内部的分布是不是均匀也很重要，否则即使金属的孔隙度再高也可能浮不起来。所以，如何使孔隙大小均匀分布，是制造泡沫金属的一个关键和难题。

第二，强度随孔隙度的增加而降低，在较大的压力下容易发生较大的形变，所以泡沫金属具有很好的吸收能量的功能。

第三，导热率随孔隙度的增加而降低。如孔隙度达到50%以上时，热传导要下降为

泡沫铝的密度很小，可以像软木一样在水上漂浮。它是现代轻质结构的理想材料。不过，虽然20世纪50年代人们就已经了解了泡沫金属，却直到90年代才由新开发的粉末冶金技术生产出重复性好的平板和立体部件。一般来说，制作过程是先把铝粉和发泡剂连续压制，做成可以发泡的半成品，然后加热至合金的熔化温度，形成液体泡沫，压成所要的形状。这种方法制成的零件外表有一层密集的铝材，改善了机械强度。泡沫材料的用途不仅限于汽车工业，它也可填充大型工件中为了节省材料和减轻重量而设计的空隙，从而减少制作成本，有广泛的应用前景。

几十分之一。这样它对热的传导变得很慢。

此外，泡沫金属还有在较宽频率范围内较好的吸音特点，有很强的屏蔽电磁波和良好的耐热性能。

小问题

为什么人们有很长一段时间不能有效地利用泡沫金属？

泡沫金属是怎么制造出来的？

目前，用于制造多孔金属材料的金属主要有铜、银、钛、镍及其合金和不锈钢等。制造多孔金属材料主要采用以下几种方法：

热挤压法。如铝、镁及其合金粉末与某些碳酸盐混合，在热挤压下成形，在更高温度下发泡，可以制成多孔性材料。

熔融金属法。这是指低熔点的金属在熔融状态时加入某种发泡剂，在强力搅拌下达到使气体分布均匀从而使金属中产生气泡的方法。通常，为了得到缺陷较少的铸件，要利用流动性较好的金属，以减少熔融金属中吸附的气体，因为金属中含有气泡会降低金属的强度。但制造多孔性金属的方法则正

小知识

太空制取泡沫金属

1991年，科学家科克斯利用哥伦比亚号航天飞机进行了一次在失重状态下制造泡沫金属的试验。他设计了一个石英瓶，把锂、镁、铝、钛等轻金属放在一个容器里，用太阳能将这些金属熔化成液体。然后在液体中充进氢气，产生大量气泡。这个过程有点像用小管往肥皂水中吹气，金属冷却凝固后就形成了到处是微孔的泡沫金属。

如果我的壳
也是多孔金属的，
我游泳就轻松了。

好相反，它要的就是金属中的气泡，而且要达到很高的比例，因此要使熔融金属的黏度增加，使其中的气体不易脱出，并把气体在金属内部凝固下来。

粉末冶金法。烧结性多孔体材料是研究最多、应用较为成熟的多孔性材料。该方法是在粉末中加入发泡剂，烧结时发泡剂挥发，留下孔隙。

电化学沉积法。利用发泡程度很高的塑料骨架，用电镀的方法将金属沉积上去，然后把塑料烧去，同样也会留下孔隙。

铸造法。利用金属的吸气-放气现象进行铸造的方法。

多孔体金属的用途很广，作为结构和装饰材料，已在建筑、运输设备、住宅建设等方面获得日益广泛的应用。以发泡铝为代表的泡沫金属，具有质轻、刚性好、吸音、隔热、屏蔽电磁波、耐冲击和易加工等特点，大量用于隔音壁、隔音室、录音录像的房间、防震材料、电磁波的屏蔽材料和其他各种建筑材料等。

小问题

为什么泡沫金属能漂浮在水上?

神奇的微晶玻璃？

微晶玻璃是由微小晶体组成的玻璃，为玻璃家族中具有独特结构和特性的成员。由于它和陶瓷有着相似的结构，所以又被称为“玻璃陶瓷”。

玻璃在一般情况下属于非晶态固体物质。但是，它的这种结构是不稳定的，在温度为 900～1000℃的时候，就会析出晶体，形成按一定规则排列的分子结构。

制造微晶玻璃，就要创造一种使它能够析出晶体的条件。条件之一就是要达到一定

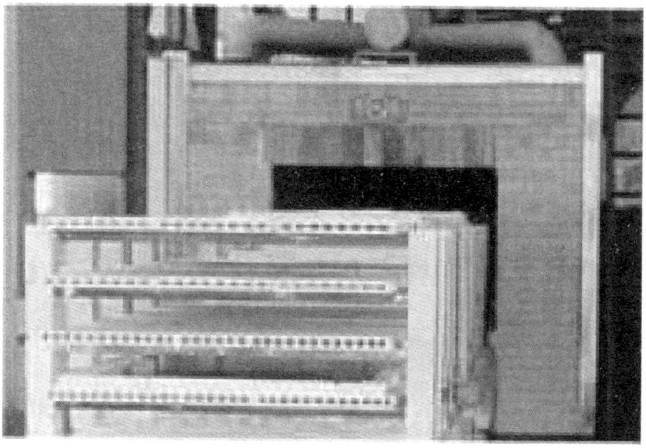

生产微晶玻璃的窑炉

微晶玻璃板材

的温度，条件之二是提供结晶的核心。除了玻璃自身成分可以作为结晶的核心外，许多金属元素和化合物也可以作为结晶的核心。在熔炼成形后，利用紫外线照射并进行热处理，或直接进行热处理，就可以使结晶核心像种子发芽一样生长出许多微小晶体。其直径为 1～2 微米（1 微米为 10^{-6}米），只有头发丝直径的几十分之一。

根据制作过程的不同，微晶玻璃可以分为光敏微晶玻璃和热敏微晶玻璃。利用紫外线照射而成的微晶玻璃，称为光敏微晶玻璃；没有用紫外线照射，只通过热处理形成的微晶玻璃，称为热敏微晶玻璃。

目前，人们已经制造出一千多种不同成

分的微晶玻璃，它们虽然具有各种不同的性能，但仍然有许多共同的特点。它的硬度高，抗弯强度是普通玻璃的 7～12 倍，软化温度非常高，在 900℃以上的高温时，即使突然投入冷水中也不会炸裂。它的膨胀系数可以调整，甚至可以为零。正是由于它所具有的优异特性，微晶玻璃在各个领域发挥出新奇的作用。

例如，经过精心制作的光敏微晶玻璃，具有良好的电学性能和化学加工性能，可以用来制造印刷线路板的基片和镂板，还可以制造射流元件。利用它的化学蚀刻功能，可以在指甲那么大的玻璃上打出上万个孔。利用光敏微晶玻璃制成的高级装饰品和艺术珍

小知识

微晶玻璃建材

1974 年，日本一家公司开始推出微晶玻璃板时，人们不了解微晶玻璃是什么，性能是否可靠。但后来，使用者证明：微晶玻璃板不仅具有美感、外表时尚，而且在耐候性、耐磨性、清洁维护方面均比天然石材来得优越。

微晶玻璃应用于建筑行业

品，工艺精湛，造型美观，深受人们的欢迎。

利用某些微晶玻璃所具有的特性，灵活调整它的膨胀系数，可以广泛用于热工仪表、厨房用具、医学和建筑材料等领域。利用微晶玻璃做成的凹镜，精度不受环境温度的影响，在大型反射式望远镜中大显身手。

微晶玻璃容易进行成形加工，在短时间内可以耐高温，可以用来做导弹的弹头防护罩，在导弹飞行时能辐射大量的热，从而能够降低导弹温度。此外，还可以用作火箭、人造卫星和航天飞机的结构材料，在机械工业上制造滚动轴承、高速切削刀具、热交换器等耐磨、耐热的机械零件。一些特殊性能的微晶玻璃还可以用来加工成人工关节、人工牙等人体部位的代用品。

近几年，日本新建的车站或者车站翻新时，其内、外墙大多改用微晶玻璃板，如名古屋附近的车站、箱崎地铁站等。另外，在为数众多的商业建筑、娱乐设施及工业建筑的饰面装修中采用微晶玻璃者更可谓比比皆是。这些建筑物改变了都市、乡村的风貌，实实在在显示了微晶玻璃板势必成为21世纪建材界的新宠。

小问题

微晶玻璃具有哪些共同特点？

高科技特种玻璃?

微晶玻璃已经够神奇的了，现在，我们再来了解几种特殊的高科技玻璃。

能储存光的玻璃

日本住友光学玻璃公司成功开发了一种能储存光的特殊玻璃。当光束照射在这种玻璃上的时候，它可以储存光能，然后，以长时间发光的形式将所储存的光能逐渐释放出去。这种玻璃是一种氧化物玻璃，在制作中添加了硫化锌和少量铜及放射性元素镭和钷，并经过严格的环境保护处理后制出成品。这种玻璃在用水银灯照射 1～30 分钟后，可以持续发出浅绿色的光，发光时间可以达到 12 小时以上。用远红外线激光进行照射时，则会引起绿光辐射激烈发光现象。目前，这种玻璃被用于制造医疗领域的记录材料，建立室内暗处照明的安全设施，还可以用来建造利用太阳光的节能设施。

能自我清扫的玻璃

司机在雨天开车必须使用雨刷来帮助清洁挡风玻璃，但是还是会有水渍，内表面又容易因为蒸汽起雾，影响行车安全。日本科学家发明了一种可以自我清洁而不结雾的玻璃。这种玻璃的表面具有“双重可湿性”，可以同时沾上水和油两种液体，所以，当玻璃上有水汽的时候便会在整个玻璃表面上扩散开来，而不会凝成水珠。此外，水在这种玻璃上可以渗透到油性污物中，将油污冲洗掉，从而具有很强的自净能力。有人做过这样的实验，在向玻璃喷水汽的时候，普通玻璃已经结满了雾珠，而这种玻璃却依然可以透过它阅读文字和图片。

能吸收光能的玻璃

瑞士化学家迈克尔发明了一种可以发电的太阳能玻璃。这种玻璃有夹层，在这两层玻璃之间加进了超薄化合物，这种化合物可以吸收光能，还可以导电。当太阳光照射这种玻璃的时候，化合物可以吸收光能，转化为电能并储存起来，这时，只要用导线接通，就可以用于照明或为其他电器供电。现在，每平方米太阳能玻璃可以发出150瓦的电力。

会变颜色的玻璃

德国皮尔金顿公司研制出一种变色玻璃。这种玻璃的表面镀有一层超薄氧化钨涂层，在该涂层上通过低电压的时候，氧化钨的氧

小知识

摔不碎的玻璃

我们通常认为玻璃是易碎的，包装纸箱上就是用玻璃酒瓶或酒杯作为“易碎”物品的标志。但是，有一种玻璃却是摔不碎的，它就是高分子透明材料。大家熟知的有机玻璃就是典型的代表。高分子透明材料有许多突出的优点：透明度高——超过无机玻璃；密度小——不到无机玻璃的一半；强韧性——不像无机玻璃那样易碎；易于加工成形——不需高温。在冲击强度上，有机玻璃比无机玻璃高一个数量级以上。经定向拉伸的有机玻璃被钉子穿透时不产生裂纹，被子弹击穿后不产生碎片，因而可做防碎玻璃。

变色玻璃可以自动调节建筑物内部的光线明暗

化状态会发生变化。通过控制电压的高低，可以使玻璃发生由完全透明到深蓝等多种颜色变化。当室外光照过强时，玻璃颜色会逐渐变深，既可以防止室内温度过高，也有助于减少电脑电视屏幕等可能对人眼造成的反光。当室外光线微弱的时候，玻璃又会逐渐变得透明，以增加透光性。建筑物装配上这种玻璃后，能够整体或单片与建筑物电力管理系统相连，发挥天然“空调”的作用。测试表明，节能效率最高的时候，它能够使对建筑物进行内部调温所需的能量节省一半以上。

安装了特种玻璃的建筑物

几乎所有的金融机构都会在柜台安装防弹玻璃

小问题

看看你身边有哪些特殊玻璃？

玻璃纤维，性能超群

我们日常穿的衣物，如羊毛衫、棉毛裤，都是由动物纤维或植物纤维纺织得到的。玻璃纤维，顾名思义是一种玻璃呈纤维状的材料。它种类很多，包括了硅酸盐纤维、硼酸盐纤维、碳化硅晶须等，甚至也包括碳纤维，即所有的非金属纤维。

人类认识纤维的历史很久远。古埃及人在制作陶器的时候，就已经知道从半熔石灰石和碳酸钠混合料中快速抽出一两根纤维，用于装饰当时极为珍贵的陶器表面。20世纪

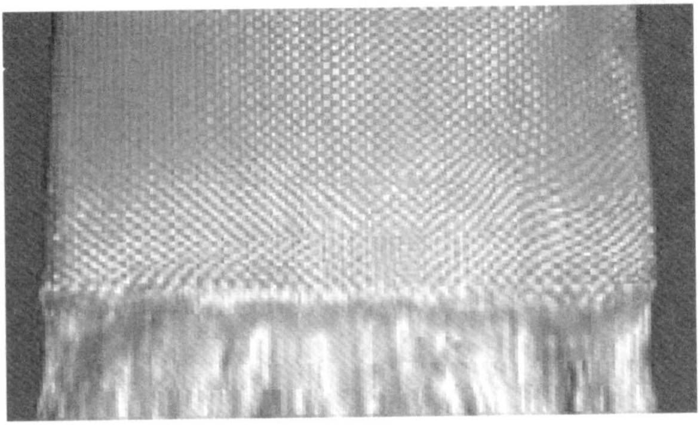

玻璃纤维制品

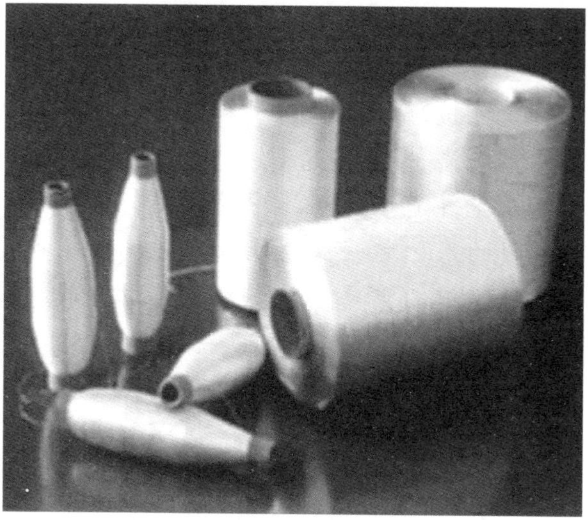

玻璃纤维纱

40 年代，人们开始用高速旋转的装置从熔融玻璃中抽拉出直径几个微米（1 微米为 10^{-6} 米）的连续纤维，并开始将熔融玻璃或其他岩石用火焰喷吹成棉状纤维，开创了现代玻璃纤维工业。

玻璃纤维有许多引人注目的性能：质量轻、强度高、绝缘、防腐蚀、耐高温。它的抗拉强度远超过钢铁，可以纺织、缝编，易于与各种材料复合。其重要用途是用来制造纤维增强材料。纤维增强材料就是两种或两种以上的纤维、基材的复合材料，在天然的物质中，这种材料十分罕见，但它却存在于我们的生物机体中，如骨骼、肌肉纤维等。

纤维增强材料的重要特点是具备纤维和基材都不具备的新特征。

光导玻璃纤维的出现和光线传输技术的发展，使光线能够通过光纤穿越遥远的路程，而光纤通讯在网络中的应用，构成了信息时代的基础之一；电绝缘用玻璃纤维也是玻璃纤维中的重要一员，尤其是用玻璃纤维制作的印刷电路板是各类电脑、电器的必备材料；棉状玻璃纤维则在建筑领域大显身手，用它制成的建材轻质、保温、吸音、防火、隔热，满足了现在家庭无噪声、温差小、低能耗的要求。另外还有导电玻璃纤

小知识

我们祖先也知道使用纤维吗?

中国使用天然纤维增强材料的历史可以追溯到石器时代。在距今 7000 万年以前，中国西安半坡的先民就知道用茅草混拌黄泥制成砖坯，这种掺入天然植物纤维的砖坯，性能比单独用黄泥做成的要好许多。

一块普通的电路板

维、半导体玻璃纤维和耐辐射玻璃纤维等，在各个方面有着广泛而重要的用途。

一根根细细的玻璃纤维，就这样为我们编织出了一批性能超群的新材料，支撑着各个不同领域的发展。

小问题

生物体内有哪些物质是纤维？

超级纤维，碳纳米管

您知道世界上最黑的物质吗？它是来自美国赖斯大学的碳纳米管织出的一片毯子。这片毯子仅反射0.045%的光线，它比漆成黑色的雪佛兰Corvette跑车要黑100倍，比《吉尼斯世界纪录大全》中记录的上一个“世界上最黑的物质”还要黑上三倍。

1991年日本电子显微镜专家饭岛在用高分辨透射电子显微镜观察球状碳分子时，意外地发现了由管状的同轴纳米管组成的碳分子，这就是碳纳米管，又名巴基管。直到1997年，媒体报道了单壁碳纳米管的中空管

碳纳米管的分子结构

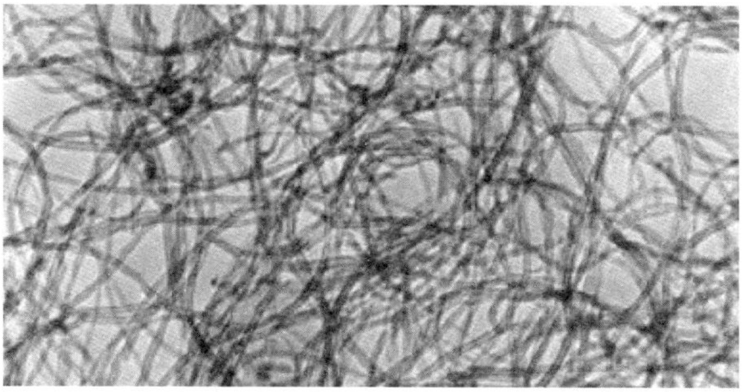

电子显微镜下的碳纳米管

可储存和稳定氢分子，引起了科学界的广泛关注。相关的理论计算和实验研究也相继展开。

碳纳米管具有高模量、高强度的特性。被称为“超级纤维”的碳纳米管的强度比钢高出100倍，密度却只有钢的1/6。目前在工业上常用的增强型纤维中，决定强度的一个关键因素是长径比，即长度和直径之比。材料工程师希望得到的长径比最少是20:1，而碳纳米管的长径比一般在1000:1以上，是理想的高强度纤维材料。

由于碳纳米管的结构与石墨的片层结构相同，它还具有良好的导电性能。研究人员通过计算认为直径为0.7纳米的碳纳米管具有超导性，这预示着碳纳米管在超导领域有广阔的应用前景。

碳纳米管自身重量轻，可以作为储存氢

小知识

人工合成大脑

在 2011 年举行的 IEEE/NIH 生命科学系统与应用研讨会上，研究人员公布了一项研究成果，他们用碳纳米管成功制造出了一个能模拟大脑突触功能的电路，可实现神经细胞的功能，为构建人工合成大脑奠定了基础。

气的优良容器，储存的氢气密度甚至比液态或固态氢气的密度还高。适当加热，氢气就可以慢慢释放出来。研究人员正在试图用碳纳米管制作轻便的可携带式的储氢容器。据推测，单壁碳纳米管的储氢量可达 10%（质量比）。此外，碳纳米管还可以用来储存甲烷等其他气体。

碳纳米管集许多开发潜能于一身，被誉为“21 世纪最有前途的新型材料”。

自 20 世纪 80 年代以来，制备轻便、高效的碳纳米管电线，而且和铜一样能导电，是纳米技术专家一直不懈追求的目标。美国赖斯大学材料科学教授普利科尔·阿杰安和恩里克·巴雷拉经过多年在实验室的研究试验，最终制成了碳纳米管电缆。碳纳米管电缆在力学上很强，而且有很好的柔韧性，可以很方便地打结或织成长线，每平方厘米可承载约 10 万安培的电流，数量和铜线相同，但重量只有 1/6 那么多。在电流密度上也是大大优于铜的度量标准。所以这种电缆可以把更多的电传输到更远的距离，并且不会使电能散失为热能，电能散失，这个影响着今天的电网，乃至计算机芯片的问题将得到有效解决。更重要的是碳纳米电缆由高分子碳制成，而不是金属材料，无任何腐蚀性。

1999 年，巴西和美国科学家发明了能够称量单个病毒质量的“纳米秤”，其精度在 10^{-17}千克。

碳纳米管涂料可以用于战斗机外壳

利用碳纳米管制造电视已不是难题。韩国的三星电子公司已经研制出了使用碳纳米管的电视原型机。这款电视机的显示屏厚度，完全可以像贴画一般挂在墙壁上，它具有比液晶显示器更绚丽、清晰的图像和更低的能耗。该公司也在力推碳纳米管显示屏的上市。

目前，对碳纳米管的探究方兴未艾，但是因其高昂的研制成本依然很难在大众市场得到推广。另外，由于其直径大小只有头发丝的千分之一，研究人员在探究过程中极易将其吸入肺部，有致癌风险。

面对前景诱人的碳纳米管技术，如何平衡探究过程中带来的重重障碍，有待考验。无限可能的碳纳米技术，将会给我们的生活创造怎样的奇迹？我们拭目以待。

小问题

为什么碳纳米管被誉为“21世纪最有前途的新型材料”？

什么是生物替代材料？

20世纪30年代，科学家开始研制一种新型材料，它不是用来建造房屋，而是用来“修补”我们的身体的，这种材料就是生物医学替代材料。进入21世纪后，对生物医学替代材料的研究得到了飞速发展，已被许多国家列为高新发展规划项目，并迅速成为竞争激烈的世界性高技术关键新材料的重要领域之一，对人类的健康生活和社会经济的发展，都具有重要的意义。

就像建房子需要水泥和钢筋一样，当病人的组织和器官发生病变、引起损伤或衰竭时，医生往往希望有合适的材料能够仿制或替代这些组织和器官，这就是生物医学替代材料。准确地讲，生物医学替代材料是一种对人体的细胞、组织和器官具有增强、替代、修复和再生作用的新型功能材料。生物医学替代材料的研究涉及材料学、生物学、医学、药学、物理学和化学等多种学科。从材料种类上看，虽然目前我们人类使用着数以亿计的各种材料，但生物医学替代材料却

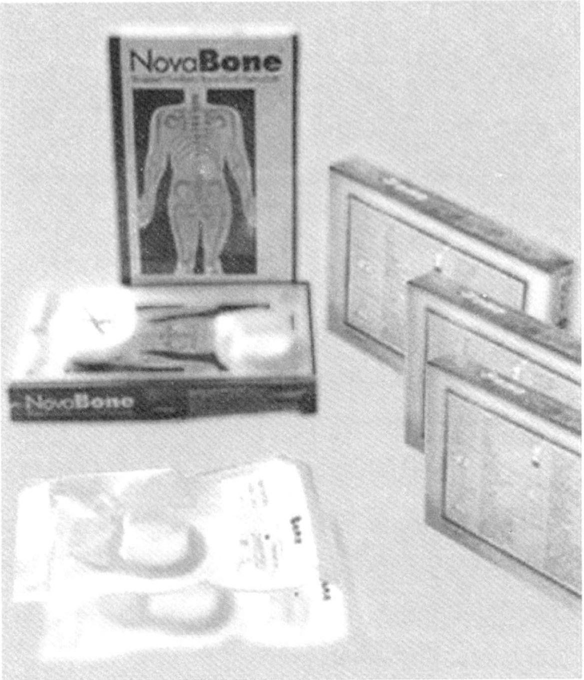

人工合成的骨修复替代材料

只有数百种，这是因为生物医学替代材料有一些特殊的要求。

概括地说，一种材料能作为生物医学替代材料必须满足三个基本要求：

首先是生物相容性，就是要求材料在使用期间，同它所在的生物有机体之间互相不产生有害作用。这是生物医学材料最基本的要求，也是区别于其他功能材料最基本的特点。实际上，绝对的生物相容是不存在的。

一方面，生物机体是一个封闭的自协调平衡系统，对外来“异物”的入侵有一种天然本能的免疫排斥反应，所以生物的相容是指它们之间的不良作用要发生在相互可以控制的

移植器官与捐赠

生物器官的移植，目前基本上没有十分成熟的技术，最难克服的问题在于如何控制生物的免疫排斥反应。但在中国，这还不是困扰医学移植最大的障碍，最大的障碍是移植器官的奇缺。往往是病人需要移植，但没有可用来移植的器官。这就需要积极宣传，呼吁人们参与到器官捐赠的活动中来。人体的一些器官，如肝脏，再生的功能很强，捐赠部分肝脏以后，不久就会恢复原来的结构和功能；有的器官是成对的，但是只有一个也可以负担正常的生理功能，比如肾脏。这些器官都可以在生前捐赠。不过，更多的人选择捐赠自己去世以后仍然健康的器官，让它们在需要移植的人身上继续发挥作用，延续他人的生命。现在，世界上很多国家都建立了器官银行，中国也有一些大城市成立了这样的器官移植库。

范围里。

其次，材料必须能够在生理环境的约束下发挥一定的生理功能，这被称为生物功能性，这就是说仅仅不产生坏的影响还不够，还必须对机体有好的作用。比如人工代骨材料必须要能够支撑一定的重量，人工眼角膜材料要有一定的透光性和湿润性。

最后，材料还要有一定的可靠性，使用的时间较长甚至可以终身使用，不容易发生变形和破损，因为人不能像机器一样任意拆

试验中的人造心脏

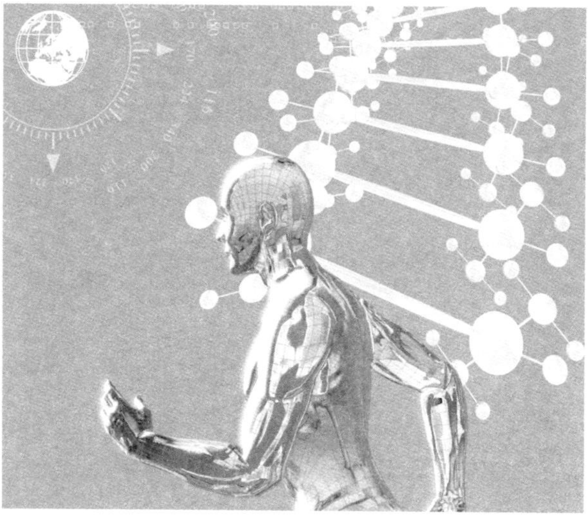

生物医学材料已经得到广泛应用

卸检修。

现在，生物替代医学材料已经得到了广泛的应用，并得到了医学、化学、材料学乃至经济学界人士的高度重视，但它距离人们的期望和要求还很远。因此，它仍然是一类正在高速发展的“未来材料”。

小问题

生物医学材料的基本要求是什么？

生物环保显身手

大量新材料的问世，极大地改善和发展了各种机器和工具的性能，促进了生产力的发展，但是也带来了大量废弃物对环境的污染，甚至给人类的生存造成了威胁。为此，从保护全球环境的角度出发，科学家提出了研制环保生物材料的主攻方向。

研制环保材料，就是提倡人们在材料制备、应用和回收循环过程中减少公害，同时减少自然资源的浪费，即用最少的材料实现最大的功用。在这种材料的研究中，科学家

如今，人们在家居装修中更加青睐环保材料

小知识

可降解的塑料薄膜

中国农民每年都要在地里使用大量的塑料薄膜，这些薄膜使用后不易回收，留在地里会破坏土地的渗水透气功能，降低土地的质量。现在科学家已经研制出能够自我分解的塑料薄膜，并在迅速推广。

取得了一系列重要的成果，各种生物环保材料不断地涌现出来。

在减少材料制备过程中的公害方面，科学家取得了众多突破。日本北越造纸公司研制的造纸原料“ECF 纸浆”便是其中一例。传统纸浆生产方法都是使用氯气进行漂白，这样漂白时就会产生大量的有害物质氯仿。氯仿是一种强致癌物质，而且严重污染环境。日本这家公司研究出了不用氯气而使用二氧化氯漂白的新方法。这样使氯仿等有害物质减少了99%以上，因此，带来了世界造纸业的一场革命。

在开发生物环保材料的过程中，人们更

塑料薄膜被农业广泛使用

多的把注意力放在了学习和模仿某些生物的特殊功能和性质上，从根本上消除公害。例如，甲壳虫可以将糖及蛋白质分化成重量轻而强度高的坚硬外壳材料；蜘蛛吐出的水溶蛋白质在常温常压下变成不可溶的丝，而丝的强度比防弹背心材料还要坚韧；鲍鱼利用人们通常认为的一些用途不大的简单物质，如海水中的碳化钙结晶成强度非常好的贝壳。林林总总，如果能破解以上这些奥秘，并把生物的这些奇异的功能用到生产材料上，便可生产出崭新的高级人工合成材料，又不造成环境公害。这也是科学家今后努力的一个重要方向。

见光分解的塑料

很多人工制造的化学物品使用后，若不能回收，都会造成污染。最典型的是塑料，它具有不易分解的特点，被废弃后容易造成严重的白色污染。从保护环境的角度出发，科学家纷纷研制出可分解塑料。可分解塑料就是在完成一定的功效后能自动分解的一种聚合物。以光分解塑料为例，在聚合物中添加少量光敏剂，通过生物发酵合成和化学合成，使塑料能够见光分解，经过1～3年后可自行降解，最后变成二氧化碳和水，不会污染环境。

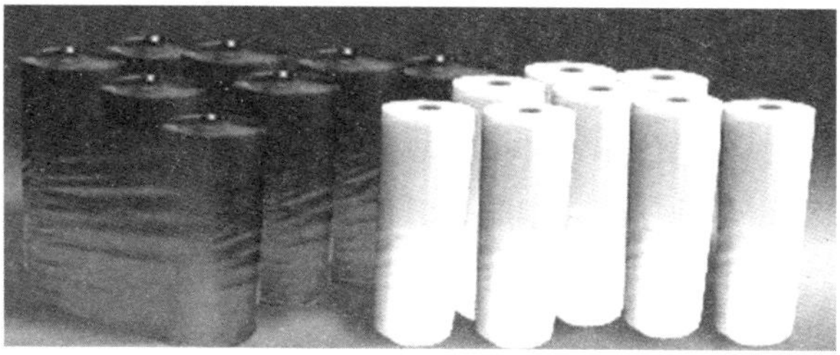

各种可降解塑料薄膜

小问题

为什么光分解塑料能够自我分解？

绿色材料有什么好处？

材料是人类生存不可缺少的物质基础，是人类社会发展的基石。随着新材料的不断涌现，材料同环境的联系也变得越来越紧密，这种联系使环境保护问题越来越得到人们的重视，在科学家的努力下，绿色材料开始走进人类。

绿色象征着生命、健康、安全，现在，人们常常用绿色来代表环境保护，所以绿色材料又称为生态环境材料；它在原料选取、制造、使用和再循环以及废物处理等环节中能与生态环境和谐共处，不会产生污染。1988年人们首次提出了绿色材料的概念，并将其确定为21世纪人类要实现的目标之一。

绿色材料主要包括循环材料、净化材料、绿色能源材料和绿色建材。

循环材料

循环材料主要是指利用固体废物制造的、可再生循环制备的材料，如再生纸、再生塑料、再生金属和再循环利用混凝土等。循环材料应具备以下特点：

(1) 可循环多次使用；

(2) 废弃物可作为再生资源；

(3) 废弃物的处理消耗能量少；

(4) 废弃物的处理对环境不造成污染。

循环材料的一个重要例子就是利用生活垃圾发电。生活垃圾本来是人类生活中产生

垃圾发电

的废弃物。过去我们采取在偏远的地方集中深埋的方法，这种方法实际上仍然是在制造污染，只不过是把污染限制在一定范围内，并没有解决根本问题。现在把生活垃圾用来发电，不但可以减少污染，还可以将其变废为宝，重新造福人类。近十年来，美国在垃圾发电方面的发展十分迅速。预计到2012年年底，美国将会有超过600个垃圾发电项目投入商业运营，所产电力约为150亿千瓦。

不久前美国杜邦公司推出了一种化学防护衣，它能隔离有毒有害的化学物品，对人体有保护作用。该产品既可以回收再利用，也可以焚烧处理，对人体无毒无害，是绿色材料的又一个典范。

净化材料

能分离、分解或能吸收废气、废液的材料称为净化材料。我们知道，汽车排放的尾气是造成城市环境污染的一个主要原因。采用催化转化的方法，将汽车尾气中的有害气体如一氧化碳和氮氧化物等转化为无害的氮气、二氧化碳和水，能有效防止大气污染。美国福特公司和中国有关部门合作，联合研究利用贵金属与稀土复合材料作为汽车尾气

汽车尾气是重要的污染源

催化剂材料。

在日本，研究人员发现主要成分为方石英和火山灰的天然矿石有很高的吸臭、吸湿的能力，而一种特殊的陶瓷过滤材料可以过滤一氧化碳等有害气体，这两项研究对环境保护都有重要意义。

绿色能源材料

绿色能源材料指洁净的能源，如太阳能、风能、水能及废热、垃圾发电等。太阳能是洁净的能源，能长久地为人类服务，因此发达国家都在积极开发利用。日本政府制订了“新太阳计划”，补贴那些在房屋上安装太阳能电池板的家庭。太阳能发电的关键部件是太阳能电池，目前电

太阳能草坪灯

池的转化率还比较低，最好的也只有 20%左右。热电材料是指利用温差发电的材料，它的特点是无转动部件，工作稳定可靠，寿命长，是利用各种燃料或废热的最好绿色能源材料。

绿色建材

有利于环境保护的建筑材料称为绿色建材。建筑材料是世界上用得最多的材料，特别是墙体材料和水泥。生产建筑材料要消耗大量的森林、矿产资源，建筑材料垃圾还要占用大量的土地，这些都对自然造成了一定程度的破坏。另外，我们人类有一半以上的时间是在建筑物内部的空间度过的，对环境有污染的建材同样威胁着人类的健康，人们也需要改变这一小环境，因此开发绿色建材迫在眉睫。

现在美国和日本开发出用生活垃圾制造

小知识

智能墙壁

现在，一些人计划使房子的墙壁智能化，使墙壁能够根据外界温度的变化而自动调节室内温度，使室内温度始终处于一个舒适的范围内，真正实现四季如春。

的水泥。日本研究人员发明了用红外陶瓷制成的内墙板，这种板可以使室内空气活化，使人有清爽的感觉，就像早晨在花园中一样。越来越多的建材贴上了绿色环保标志，它们将使我们生活的空间更加健康和安全。

小问题

看看你的身边有哪些绿色材料？

热释电晶体怎么又叫夜视“千里眼”呢？

电荷有正有负，正电荷用“+”号表示，负电荷用“-”号表示。一般说来，带电物质哪一端产生正电荷，哪一端产生负电荷是固定不变的。但是，有些晶体会发生电荷逆转现象，就是在受热时一端产生正电荷，另一端产生负电荷，而在冷却时，原来产生正电荷的一端却产生负电荷，原来产生

简易夜视仪

负电荷的一端却产生正电荷。这类晶体称为热释电晶体。碲镉汞晶体就是这类热释电晶体中的一种。

科学研究表明，物体发热时均会产生一种肉眼看不见的光线，称为红外线。在通常情况下，一切发热的物体都会辐射出红外线，人体也不例外。这样，从理论上说，即使无法看到物体本身，只要能观察到它发出的红

小知识

火车安全检测新武器

飞驰的火车如果某一个车轮发生故障，也会产生高温。以前都是靠铁路工人在火车到站停靠后，迅速上前用手触摸检查，看哪一个车轮温度特别高，以便及时维修或更换。靠人做这件工作既辛苦又不一定可靠。现在，有了用热释电晶体制作的红外遥感测温仪，情况就大不一样了。这种仪器可以在火车行驶过程中，迅速而准确地判断出有问题的轮子的位置，并立即通知下一站的工作人员及时检修。

有了红外遥感测温仪，列车运行的安全性就更高了

外线，也可准确地判断它的位置并测定它的大小、形状等特征。由于热释电晶体对热量敏感，因此正可担当此任务。现在被大量装备在军事武器上的红外夜视仪就是利用热释电晶体做成的热释电元件和其他电子、机械等元件制作而成的。

在伸手不见五指的黑夜，埋伏在丛林中的敌人、远处的汽车、坦克等，以前是很难被发现的。现在有了红外夜视仪，情况就不同了。因为人体、各种动物以及工作着的发动机等都是热源，都会辐射出红外线，这时坐在夜视仪前，通过屏幕就可以清楚地观测到远处的物体，甚至可以分辨人、动物及汽车、坦克的形状。如果给战士们配置上这种黑夜“千里眼”，并装备上激光测距仪，黑夜里他们也能百发百中，弹无虚发。如果在导弹的前头装上一个用热释电晶体制成的红外线制导装置，导弹就会向着产生红外线的飞机发动机等目标紧追不舍，直至命中。

这种设备稍加改进，还可在医疗中帮助医生诊断疾病。经过改造的仪器叫作“红外热像仪”，因为人体发炎的部位会比正常部位辐射出更多的红外线，利用红外热像仪可以帮助医生确定病灶的位置及形状。这种检查对人体无损伤。

军用夜视仪

红外线也是医生的好助手

小问题

为什么通过红外夜视仪能在黑暗中看清物体？

为什么液晶材料越来越时髦？

液晶在我们生活中经常遇见，小到电子手表，大到几十平方米的液晶屏幕，还有液晶显示的电脑、电视、摄像机等。这些物品中的液晶屏幕能显示出字符和色彩逼真的图像，说明液晶有着非凡的本领。

早在1888年，德国科学家莱茨尼尔在加热一种叫安息香酸酯的化学药品时，发现它有两个熔点，把它加热到145℃的时候便熔化成液体，只不过是浑浊的，不像其他纯净物质熔化的时候是透明的；但是，如果继续把它加热到178℃，它就会变成清澈透明的液体。在145～178℃之间，它就处于一种中间状态。这种处于“中间状态”的液态晶体，简称为液晶。严格地说，液晶既不是晶体也不是液体，却兼有两者的特性。液晶被发现后一直默默无闻，直到20世纪60年代才一下子引起人们的重视，因为科学家发现，它是制造显示元件的绝好材料。

液晶能用于显示主要靠它的独特本领。液晶分子之间的作用力非常小，容易受机械

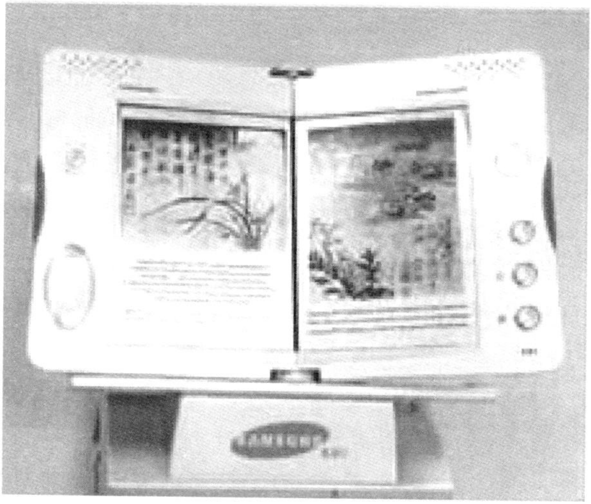

可折叠液晶电子书

力、电磁场、温度和化学环境等影响，所需要的驱动电压很低，所以功耗极低，而且可靠性高；液晶显示能在明亮环境下工作，不怕日光或其他强光的干扰，而且，外界光线越强，显示的字符图像越清晰；液晶显示可用于高信息量器件，如计算机终端、通信及摄像监视器等，而且液晶显示器件的尺寸可大可小，能做到轻、薄和便携，使用十分方便；尤其是液晶显示无闪烁，对人眼无伤害，也没有对人体有害的软 X 射线，不会影响人体健康。

目前，我们已知道 7000 多种有机化合物具有液晶的特征。这些液晶可以分为不同的类型，它们在光学特性上有一定的差别。液晶的作用已经渗透到现代科学的各个领域，其应用范围也不断扩大。例如，有的液晶颜色能随温度的变化而变化，从蓝紫色到绿色再到黄色等，这样可以作为指示剂指示出化学实验中的温度变化情况；有的液晶同某些有毒气体接触也会变色，这种液晶片挂在容易泄漏毒气的地方可以起监测作用。

成员众多的液晶家族中有一个“巨人”，它就是液晶高分子。20 世纪 50 年代，有人研究发现含有多个氨基酸的多肽具有液晶性质。

电脑用液晶显示器

3D液晶电视

液晶高分子按照物质的来源，可以分为天然液晶高分子和合成液晶高分子，根据液晶形成的条件，又可以分为在特定的温度范围内才能呈现液晶态的热致液晶高分子和在特定溶剂中才呈现液晶态的溶液致液晶高分子。液晶高分子材料具有十分优异的性能，如优良的机械性能，突出的耐热性能，极小的膨胀系数，低的收缩率和高的稳定性，绝缘性和耐化学腐蚀性等，因此它们的应用前景是十分诱人的。比如液晶工程塑料和液晶纤维可以做成火箭发动机的壳体、防弹衣、高级轮胎等。如果用液晶纤维做成衣服穿在身上，由于人体各部位体温的差别，液晶服装

小知识

错失良机的美国人

20世纪60年代，液晶研究有了突破性进展。美国无线电公司的海尔梅尔放弃了自己原先造诣很深的专业博士论文写作，在导师的支持下，于1961年转攻有机电子学研究。在研究向列型液晶与外电场作用时，海尔梅尔及其研究小组发现了很多液晶的电光效应，并研制了数字、字符显示器件及液晶钟表等应用产品。

美国无线电公司对这项技术特别重视，列为企业重大机密，直到1968年才公之于世。这一信息立即在日本科技界、工业界引起强烈反响。日本人看到了液晶应用的巨大潜力，将其与大规模集成电路相结合，很快打开了应用市场，并于20世纪70年代中期形成了强大、独立的液晶显示产业。而作为液晶技术发明者的美国无线电公司则由于公司某些领导人的目光短浅和失策，导致液晶研究人员的外流和专利的出卖，失去了一次绝好的发展机会。

就会显现出像彩虹一样的迷人色彩。此外，液晶高分子材料正向家电领域、医疗器械和运动器械等领域进军，21世纪，液晶高分子材料正在逐渐成为我们生活中的忠实伴侣。

小问题

液晶显示屏有什么优点？

激光与激光晶体

大家知道激光吗？激光是怎么产生的呢？它是由原子中的核外电子在不同轨道之间受到激发而发生“跃迁”时产生的。打个比方，激光的产生过程好比用水泵将水抽到水塔顶部，然后突然打开闸门，这

激光已经成为现代城市中重要的装饰光

小知识

为什么激光的亮度高？

一般来说，光源在单位面积上向某一方向的单位立体角内发射的功率，就称为光源在该方向上的亮度。激光在亮度上的提高主要是靠光线在发射方向上的高度集中。激光的发射角极小，它几乎是高度平行准直的光束，能实现定向集中发射。因此，激光有极高的亮度。

时水就会以强大的力量喷射而出。能够充当这个“水塔”的是一些我们称之为激光晶体的物质。

激光和普通光一样吗？

晴天的正午时分，如果你抬头看天空，会不会感觉眼睛被强烈的阳光刺得睁不开？在阳光下暴晒的时间长了，皮肤会有灼热刺痛的感觉，还会发红发痒甚至脱皮。这些例子说明光具有能量，而且通常光能可以转化为热能。普通光的能量不大，原因在于它的光源能量低，而且光线还会散射，能量就更

激光炮
我中过无数的炮弹，可你是什么炮啊？一束光就能要我的命。

加分散了。比如手电筒的光，照得越远能照到的范围就越大，可是光线也越微弱了。

激光和普通的光可大不一样，它具有高度的方向性和单色性，我们可以通过光学手段使有限的激光能量在时间上和空间上高度集中，从而使激光具有极高的亮度，这样它也就保持了极高的能量。例如，一个小功率的氦-氖气体激光器，发出的激光亮度可以是太阳光的100倍；而Q开关红宝石激光器发出的激光亮度比太阳光要高出几亿倍！正是由于激光的这种特性，使它的能量大得惊人。从激光武器里射出的激光束，一照到物体上，就连坦克都能顿时被烧穿。

现在，可以用作激光工作物质的晶体很多，其中常见的有：红宝石晶体、钇铝石榴石晶体、矾酸钇晶体、掺钛蓝宝石晶体、氟酸锶锂晶体等。

小问题

请讲一讲激光与普通光的不同之处。

激光在生产生活中的作用体现在哪里？

激光自1960年诞生以来，在各个方面都得到了广泛的应用，发挥了重大的作用，堪称身怀绝技的多面手。让我们来看看激光都有哪些本领吧！

激光加工

激光的高能量在机械加工业的许多方面大显神通。例如，以前在宝石轴承上打孔是一件十分困难的事情，因为宝石实在是太硬了。现在用脉冲红宝石激光器打孔却易如反掌，一台激光器每分钟可以给近百个宝石轴承打上孔，且保证每个孔都圆滑而均匀。这样一来，工作效率比原来机械打孔不知提高了多少倍。另外，用激光切割或焊接钢板，甚至用激光剪裁服装等，都大大提高了工作效率和加工精度。

激光测距

平常测量长度用什么？大家会说用尺

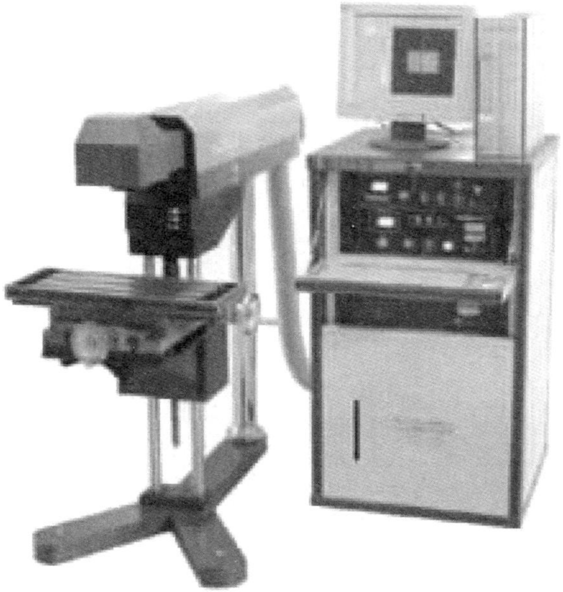

激光打标机

子。要是测量两座大楼之间的距离呢？可以用工程上用的皮尺。要是测量地球到月球间的距离呢？世界上可找不到那么长的尺子。科学家想了个办法，用光做尺子测量这种遥远的距离，而且比一般的尺子精确得多。我们知道，光速是已知的，光每秒走30万千米，通过计算光照射到被测物体表面再返回来所用的时间，用这个数字乘以光速再除以2，就很容易知道物体之间的距离。不过，普通的光照不了那么远，而且方向性较差，

激光测距仪

不适合做这种“光尺”，而激光却可以轻松胜任。利用激光可以精确测量出从地球到月球之间的距离，从地面到云层或飞机的距离。现在许多军用飞机、大炮、坦克甚至步枪都装上了激光测距仪。这样，射击精度便大为提高。

激光武器

人的眼睛对绿色光特别敏感，大功率的

小知识

激光帮你消除烦恼

如果一颗大黑痣长在你的脸上，你一定会觉得很烦恼；如果你不小心受了伤，在显眼的地方留下了疤痕，你也一定会很难过。而现在你就不用担心了，利用激光可以除痣去疤。经麻醉以后，只要激光一射，不到眨眼的工夫，你就会欣喜地发现你的烦恼消除了！现在，很多美容手术都采用激光作工具，精确、迅速、无痛苦，深受爱美人士的欢迎。

可以打击太空目标的激光武器

绿色激光可使敌方作战人员致盲而丧失战斗力。当然，如果戴上激光防护眼镜，就可以避免这种绿色激光对眼睛的伤害。功率更强大的激光还可用来摧毁敌方的飞机和导弹，是未来战争中的重要武器。

激光医疗

科学家和医生的研究表明，激光对若干种疾病有明显的疗效，用激光手术刀做精密的眼科手术，对角膜伤害小、痛苦小又极其精确和安全。

激光通信

光通信是20世纪最伟大的发明之一。几根细如发丝的光纤代替了昂贵笨重的电缆，并且可以传递更多的信息量，真是棒极了！

上面只是列出了激光的部分应用领域，其实激光应用的范围远远不止如此，激光育种、激光准直、激光制导、激光影碟、激光唱机……生活中几乎到处都有激光的身影。

小问题

说说激光都有哪些用途。

超导材料是怎么发现的？

所谓超导体是指那些在外界温度降低至某一特定数值时，其电阻和体内磁感应强度都突然变为零的导体。这样，电流就可以一点不损失地通过超导体。我们现在使用的普通电线，由于电阻的作用和其他原因，在输电时都会损失一些电能。而用超导体作为电力输送的载体，能使无损耗输电成为可能，

如果用超导体制成电力输送载体，就能大幅度提高输电效率

小知识

2004 年 7 月 10 日，在昆明普吉电站举行中国第一组超导电缆并网仪式。这标志着继美国、丹麦之后，中国成为世界上第三个将超导电缆投入电网运行的国家，标志着中国高温超导技术从成果到产业化取得了新的重大突破。

提高输电的效率。

超导体是怎么发现的呢？

超导体的发现颇为不易。一个世纪以来，超导体的研究使 4 位科学家先后获诺贝尔奖。在 19 世纪，物理学家便已发现纯金属导体的电阻率随着温度的降低而变小。1911 年，荷兰莱顿大学实验物理学教授卡麦林·昂尼斯发现汞的电阻在接近绝对零度（－273℃）的低温时急剧下降以至完全消失，他在 1913 年发表的一篇论文中首次用到“超导电性”一词。由于这一成就，昂内斯获得 1913 年诺贝尔物理学奖。

1933 年，德国物理学家迈斯纳等人又发现，超导材料的温度低于临界温度而进入超导态之后，其体内的磁感应强度总是零。

这种现象因它的发现者而得名“迈斯纳效应”。1962年，英国剑桥大学研究生约瑟夫森提出，夹有薄绝缘层的两块超导体之间，即使不加电压也可通过一定数值的直流隧道电流。这一现象称为“约瑟夫森效应”。他因这一发现获得1973年诺贝尔物理奖。

1986年，德国物理学家柏诺兹和瑞士物理学家缪勒发现一种氧化物材料，其超导转变温度比以往的超导材料高出12℃。这一发现是超导研究的重大突破，柏诺兹和缪勒也因此获1987年诺贝尔物理奖。

目前，限制超导体发展和应用的主要障

罐装液氮是超导研究中常用的物质

中国普吉电站的超导电缆系统

碍是，超导体要实现超导，必须在极低的温度下，而这样的低温，在现实生活中是很难得到的。即使在寒冷的地球两极，温度也不过零下几十摄氏度。通常，我们用液氮的温度（-170℃左右）作为参照标准，在这个温度以上能实现超导的材料就叫高温超导材料。超导体高温化，是超导体研究的直接目的。另一方面，还有大量的科学家致力于超导体本身的研究和应用开发。

小问题

你可以为超导在电力方面的应用勾勒一幅未来的蓝图吗？

为什么人们普遍看好超导的未来应用?

由于超导技术的神奇特性，人们普遍对超导的应用寄予厚望。下面，我们就来看看两个已经接近成熟的超导应用实例。

超导磁悬浮列车

普通火车由于车轮与车轨之间存在着摩擦力，最高时速不可能超过300千米。于是，人们设想制造一种不靠车轮行驶的列车。就是说，列车行驶时不与车轨接触，而是浮在车轨上，只与空气摩擦，这样受到的阻力就小得多了，列车自然也就能跑得更快。现在这一设想已经实现了。人们利用超导磁体产生磁场，使它与另一磁场产生斥力，而这种斥力又使列车悬浮起来并且推动列车前进。这样一种没有车轮的新型列车诞生了，这种列车就是“超导磁悬浮列车”，时速可达到300千米以上，甚至达到500千米，这个速度都快赶上现代飞机的速度了。超导磁悬浮列车的乘客不会感到列车的颠簸，也不会听到车轮与铁轨的撞击声。它将是陆地上理想而舒适的交通工具。

超导材料与原子能

今天，我们生产和生活使用的能源种类虽然多，但主要还是来源于石油、煤炭、天然气一类的矿物能源。地球上的矿物能源是有限的，而且不能再生，用一点就少一点。为了保证未来人类的能源供应，人们正在设法利用核聚变的巨大能量。要实现这个愿望，必须用强大的磁场把上亿摄氏度的高温等离子体约束在一定的区域，这是受控核聚变研究的一个关键问题。物理学家认为，高温超导体将给未来的研究工作注入新的活

磁悬浮列车

广州大亚湾核电站

小知识

超导发电机

功率大、体积小的发电机，对提高飞机的作战性能起着至关重要的作用。采用磁流体发电这种高效发电方式，为大容量、小型化发电机的研制提供了条件。这种超导发电机可以为飞机、空中指挥中心和预警飞机的大型雷达、大型计算机、各种通信设备等非常耗电的装备提供动力。科学家预测，这种机载大功率超导发电机将是超导技术在军事上最先得到应用的项目之一。

力，帮助人们降伏受控核聚变，使之成为造福子孙万代的用之不竭的能源。

新一代电子器件——超导芯片

有人把超导芯片称为继电子管、晶体管之后的第三代电子器件。美国的法里斯在1987年研制出一种示波器，这是第一台采用超导器件的仪器。用超导芯片制成超级计算机速度快、容量大、体积小、能耗低，一台运速为8000万次的超导计算机，体积只有电话机那么大。

超导技术是物理学的一项重大成就。它为人类展现出一个应用广泛、潜力巨大的新的技术领域。超导技术的日益成熟及其广泛运用，将使21世纪更加异彩纷呈。

小问题

限制超导体应用的关键问题是什么？

超导磁体

下面我们来谈谈一种新的高科技材料——超导磁体。什么是超导磁体呢?

前面我们已经了解，超导体，就是在一定的临界温度下，电阻会完全消失的一种材料。那超导磁湾与超导体有什么关系呢? 原来，电场和磁场之间存在着相互作用。在应用超导体材料时，如果用一个或多个超导线圈来组成一个产生磁场的装置，普通的超导

超导变压器

材料容易受到磁场的影响而失去超导性，这样超导性与磁性好像无法同时兼顾。这个难题直到20世纪60年代发现铌锆、铌钛等合金材料和铌三锡化合物材料的超导电性后，

才得以解决。超导磁体也就是这种保持磁性的超导体。

超导磁体在直流电条件下运行不会发生能量损失，可以通过强度很大的电流，产生巨大的磁场。另外它的磁性稳定，空间分布的磁场均匀度高，可以获得需要形态的磁场，且体积小、重量轻，因此得到越来越广泛的应用。它在电工、交通、医疗、军工和科学实验领域都有重要的现实作用和巨大的应用前景，其中有些已经取得实际效益。如目前采用超导磁体的磁共振成像设备已成为医院

小知识

超导磁体新发现

1986年，科学家发现一种新的超导材料，在临界温度以下，当磁场大于一定值时，其临界电流不会随着磁场的增大而下降，这与一般超导体磁场增大而临界电流下降的情况不同，因此科学家预测它可能是很有发展潜力的超导磁体材料。

超导电缆

中最受欢迎的临床诊断设备之一，已有很多超导磁共振成像设备在世界各地医院中使用。此外，超导核磁共振谱仪等科学仪器也已经成为商品并获得广泛应用。

小问题

超导磁体材料和普通超导材料有什么不同?

为什么说纳米材料是材料中的新贵族？

纳米可不是我们吃的大米，它和米、分米、厘米、毫米一样，是一种长度单位。不过这个长度单位可不能在日常生活中拿来计算尺寸和距离，它是物理学上用于度量物质微观结构的特殊长度单位。那么，1 纳米有多长呢？1 纳米是 10^{-9} 米，大约为我们头发直径的 1/80 000 那么长。20 世纪 90 年代

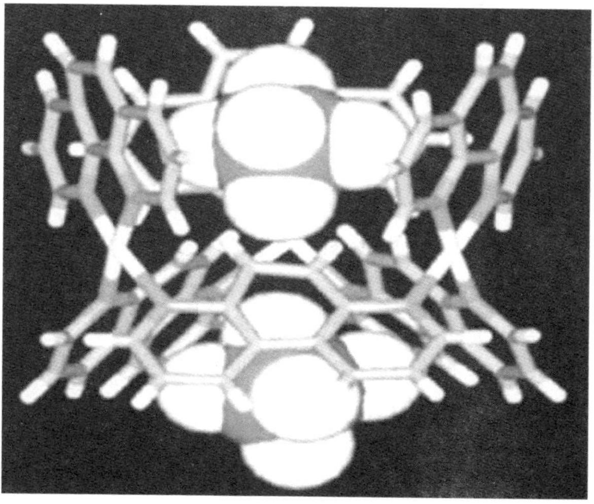

中国科学家制作的“纳米皇冠”——铂金纳米材料

开始，科学家对物质微观结构的研究已经深入0.1～100纳米尺度的空间内，这门科学就是赫赫有名的纳米科学。而在纳米级空间内，研究电子、原子和分子运动规律和特性，用单个原子、分子制造物质的崭新技术就被称为纳米技术。

纳米材料又称为超微颗粒材料，由纳米粒子组成。纳米粒子也叫超微颗粒，一般是指尺寸在1～100纳米间的粒子。当人们将物体细分成超微颗粒后，它将显示出许多奇异

小知识

医药中使用纳米技术能使药品生产过程越来越精细，并在纳米的尺度上直接利用原子、分子的排列制造具有特定功能的药品。纳米材料粒子将使药物在人体内的传输更为方便，用数层纳米粒子包裹的智能药物进入人体后可主动搜索并攻击癌细胞或修补损伤组织。使用纳米技术的新型诊断仪器只需检测少量血液，就能通过其中的蛋白质和DNA诊断出各种疾病。

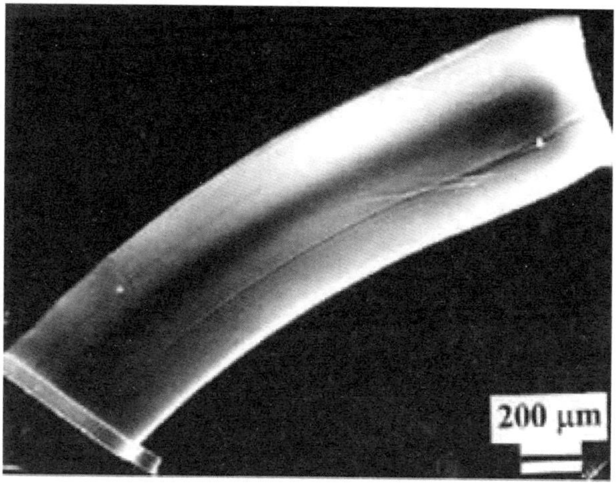

超长纳米碳管

的特性，即它的光学、热学、电学、磁学、力学以及化学方面的性质和作为大块固体时相比将会有显著的不同。纳米虽然微乎其微，但是纳米材料构建的世界却是神奇而宏大的。人们普遍认为，纳米技术所带动的技术革命及其对人类的影响，甚至将远远超过电子技术。那么，纳米材料自然也是十分神奇的了。

纳米材料的特点

因为纳米材料集中了小尺寸、结构复杂和相互作用强等特点，用纳米材料做成的物质，可能会产生我们想象不到的新的物理和化学现象。在纳米级尺寸下，物质所具有的性质与它们在通常状态下的性质大不一样。

首先，超微颗粒的表面与大块物体表面十分不同，这些颗粒没有固定的形态，随着时间的变化会自动形成各种形状（如立方八面体、十面体、二十面体结晶等），因此这时物质既不同于一般固体，又不同于液体，是一种准固体。

第二，超微颗粒的表面具有很高的活性，在空气中金属超微颗粒会迅速氧化而燃烧。

第三，具有特殊的光学性质。金属超微颗粒对光的反射率很低，通常可低于1%。

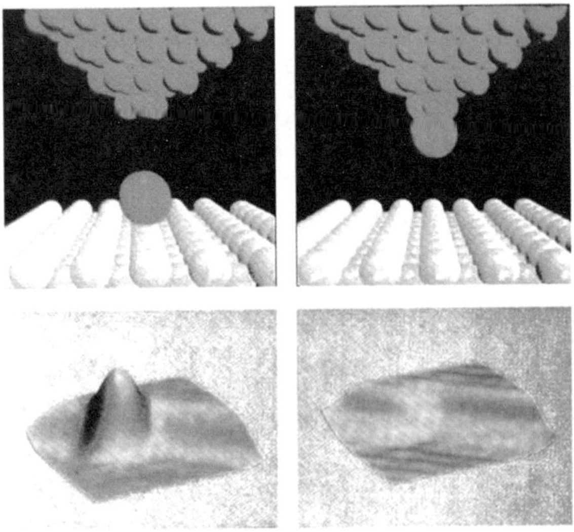

单元子开关

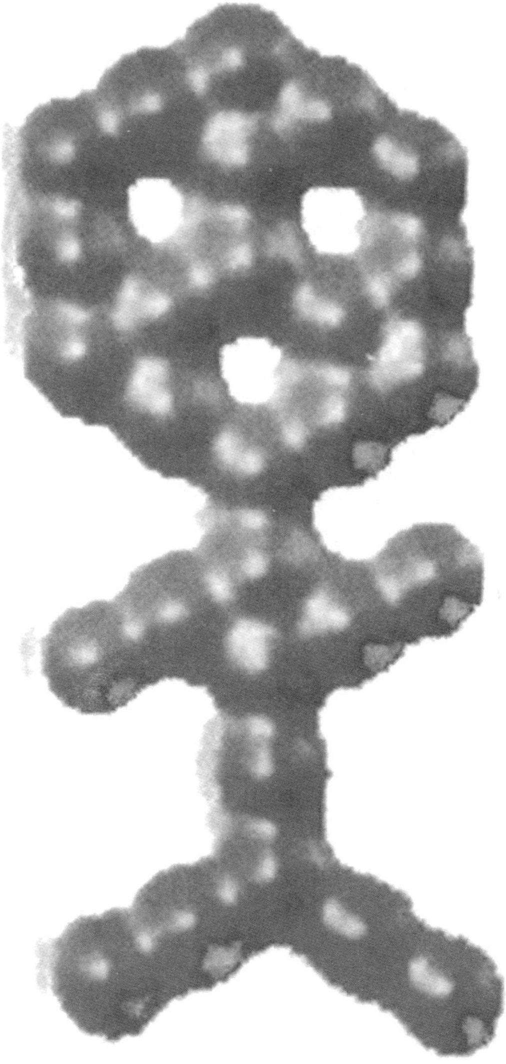

用分子排布的小人

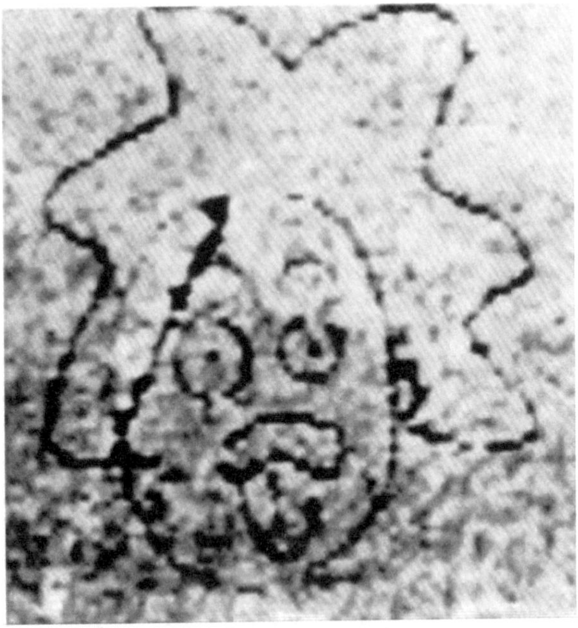

运用纳米技术在100纳米见方的面积上
绘制的一幅爱因斯坦头像

第四，具有特殊的热学性质。固态物质在其形态为大尺寸时，其熔点是固定的，超细微化后却发现其熔点显著降低，当颗粒小于10纳米量级时尤为显著。例如，银的常规熔点为670℃，而超微银颗粒的熔点可低于100℃。

第五，具有特殊的磁学性质。人们发现鸽子、海豚、蝴蝶、蜜蜂以及生活在水中的趋磁细菌等生物体中存在超微磁性颗粒，使这类生物在地磁场导航下能辨别方向，具有回归的本领。磁性超微颗粒实质上是一个生物磁罗盘，生活在水中的趋磁细菌依靠它游向营养丰富的水底。

第六，具有特殊的力学性质。陶瓷材料在通常情况下呈脆性，然而由纳米超微颗粒压制成的纳米陶瓷材料却具有良好的韧性。因为纳米材料具有较大的界面，界面的原子排列是相当混乱的，原子在外力变形的条件下很容易迁移，因此表现出甚佳的韧性与一定的延展性，使陶瓷材料具有新奇的力学性质。研究表明，人的牙齿之所以具有很高的强度，是因为它是由磷酸钙等纳米材料构成的。

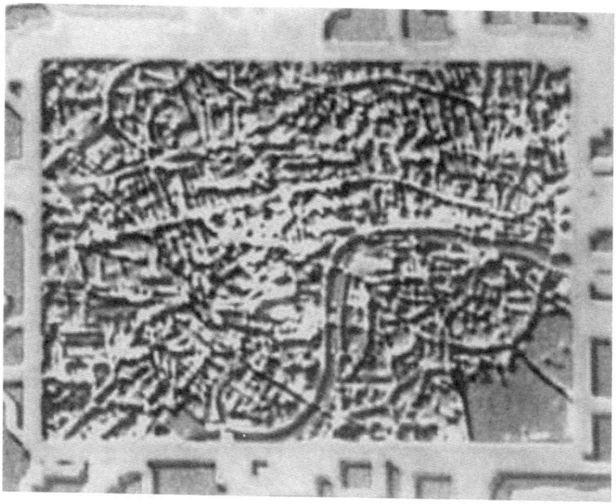

运用纳米技术在0.06毫米×0.04毫米的硅晶片上绘制的伦敦市区图

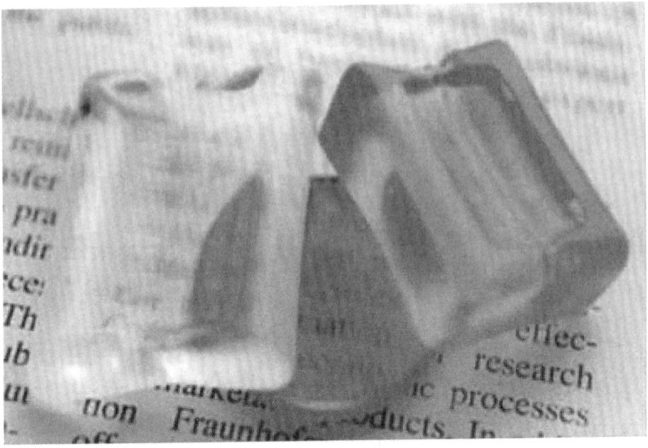

SiO_2/聚苯乙烯纳米复合材料

此外，有些纳米材料还具有超导电性等特殊性能。

小问题

请你说说，纳米材料为什么在医学界也受到重视？

看不见的超微粉

物体之所以能够被看到，是因为肉眼对光在物体上照射时产生的明暗有感觉，一旦

听说在鸟类中你的视力是最棒的，我能像你一样就好了。
那当然了，可如果没有了光，我也一样是什么都看不见的，连老鼠都抓不到了。

被观察物体的大小比光的波长还小时，肉眼对物体就不再有明暗感，所以我们无法辨别它们。

我们这里要说的一种极细的粉末材料是超微粉。超微粉颗粒的大小介于1～100纳米之间，比可见光波（400～700纳米）要短，比我们生活中的灰尘还要小得多，用一般的光学显微镜看不到它们，必须用电子显微镜才能辨认出它们的真面目。

超微粉对光波和电波有良好的吸收性能，磁性强，熔点比原材料本身低得多，容易烧

小知识

超微铁粉

通常状况下十分稳定的金属在超细状态下变得很不稳定。比如铁在空气中发生氧化反应生成铁锈的过程进行得十分缓慢，而超细的铁粉就大不相同，由于表面积大，氧化反应在所有的接触面上进行，产生大量的热，很快就会到达白热化的程度，甚至引起燃烧、爆炸。利用这个特性，可以用来加速许多化学反应。

焦，并具有很高的物理和化学活性。它们的特殊性能对材料科学将产生深远影响，因此日益受到人们的重视。

如此微小的超微粉是怎样制造出来的呢？是用普通的研磨机研磨出来的吗？当然不是。制造超微粉所用的特殊的方法和设备现在世界上只有少数几个国家能掌握。制造超微粉的关键技术之一，是收集各种方法产生的超微粉。超微粉通常是以分散在气体或液体中的状态产出，一般的过滤器是不适用的。过滤超微粉必须用孔径很小的过滤介质，但这样的介质又容易堵塞；如果令含有超微粉的气体或液体倒置，使超微粉靠重力沉降的方法是可行的，但这种方法耗时太多。目前采用的有离心分离法、热积淀法和物理气相沉淀法等，这几种方法都较为复杂，这里就不做介绍了。

20 世纪 80 年代诞生的超微技术是前景广阔的跨世纪高技术，它正带来 21 世纪新的产业革命，它的研究与应用方兴未艾，前程无量。

小问题

超微粉存在于哪些物质里？

未来生活中，纳米用途知多少？

纳米技术对我们来说，似乎是可望而不可即的。其实这是一种错觉。事实上，到纳米技术成熟的时候，我们生活中的衣物、化妆品、涂料、食品……都可能是纳米技术的产物。

纳米服装

经纳米技术处理过的各种纺织面料制成的衣服，防油、防水且透气，还有杀菌、防辐射、防霉等效果，清洗也很方便，只要在水里漂洗一下就行了，根本不需要洗涤剂。那咱们洗衣服就方便了，而且不会因为使用清洗剂而损伤衣料和造成污染。此外，在化纤布料中添加少量的纳米微粒还可以克服因摩擦而引起的静电现象。

纳米药品

食品或药品采用纳米技术，可以大大提高人体对它们的吸收能力。如将维生素等做

采用纳米材料，衣物不用洗涤剂也能洗得干干净净

成纳米粉或纳米粉的悬浮液，就很容易被人体吸收。如果平时你不愿意吃药，那么有了纳米药品，你就不用愁了，只要一点点就够了。如果把纳米药物做成膏药贴在患处，由于纳米尺寸非常小，药物可以通过皮肤上的细胞膜直接吸收，而无需注射。

纳米涂料

涂料可以美化居室，但是传统材料由于耐洗刷性差，时间不长，墙壁就变得斑驳陆离。纳米技术的应用，使涂料的许多指标都大幅度提高。外墙涂料的耐洗刷性就可以由原来的一千多次提高到一万多次，寿命也延长了两倍多。玻璃和瓷砖表面涂上纳米薄层，可以制成自洁玻璃和自洁瓷砖，任何粘在表面上的物质，包括油污、细菌等，在光的照射下，由于纳米的催化作用，可以变成气体或者很容易被擦掉的物质。

纳米化妆品

大气和太阳中存在着对人体有害的紫外线，而有的纳米微粒就有吸收紫外线的特征和性能。目前，有许多化妆品加入了纳米微粒而具备了防紫外线的功能，它还能促进皮肤的新陈代谢。

小知识

生活中汽车的轮胎颜色通常是黑色的，但运用纳米材料生产的轮胎不仅色彩艳丽，性能上也大大提高，轮胎侧面的抗折性能由 10 万次提高到 50 万次。

纳米
细菌
霉菌
自从有了纳米洗衣机，我们就没有家了！

纳米洗洁净

洗衣机内部残留的剩水很容易成为细菌滋生的温床，对下一次洗衣造成污染，而且用户无法自行拆卸进行清洗。利用纳米材料的性能，将抗菌材料加入其中，能够抑制细菌再生，保持“净水”的状态。

于细微处显神奇的纳米技术，就将这样进入寻常百姓的生活，渗透到我们衣、食、住、行等各个方面。

小问题

①说说纳米技术在我们生活中的应用。

②想一想，纳米材料还有什么其他的用途？

变形金刚：形状记忆金属

在新型金属材料的行列中，除了被视为新世纪骨干力量的金属钛之外，还有不少具有特殊功能的角色，形状记忆合金就是备受瞩目的一种。

我们肉眼所看到的物体是由无数比尘埃还要小几十万倍的微小颗粒组成的，这些微小的颗粒叫作原子。比如金属晶体就是金属

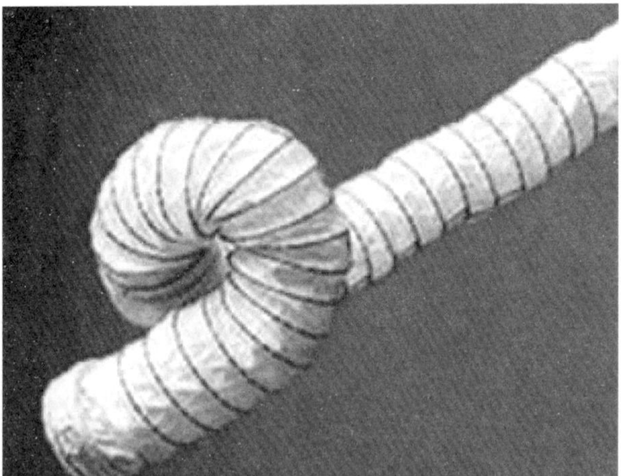

记忆合金管道

小知识

阿波罗号上的形状记忆金属材料

被阿波罗登月舱带到月球上的环行天线，就是用极薄的记忆合金材料在正常温度下按预定要求做好，然后降低温度把它压成一团，装进登月舱带上天的。放到月面上以后，由于阳光照射，温度升高，当达到临界温度时，天线又“回忆起”自己原来的形状，变成一个巨大的抛物面。此外，形状记忆金属无疲劳，回忆－变形的本领可以反复使用500万次而不产生疲劳断裂，而且几乎可以100%恢复原状。早在20世纪70年代初，美国就用形状记忆合金制作海军F－14舰载战斗机的油压接头，至1993年已用了150万只，无一例事故，因此，美国规定今后的新型飞机油压管接头一律采用形状记忆合金，并已在潜艇等舰艇上推广。俄罗斯、日本、德国也在推广应用。形状记忆合金具有巨大的发展潜力。

原子按照一定的排列方式构成的，有的合金原子的排列方式还会随着环境条件的不同而发生改变。例如，在较高温度下是某种排列方式，当温度下降到某个临界温度时，又是另一种排列方式。当再次加热到临界温度以上时，原子排列就会自动恢复到原来高温下的方式。如果用上体育课来打比方，老师喊的集合口令就是临界温度，同学们就是一个个的原子，老师一喊口令，大家就排成一定的队形。温度改变就像是打下课铃，大家就解散了，可是下一次上课老师一喊口令，大家又会排成和上回一样的队形。合金的记忆功能就是这样的情形。不同的合金有不同的临界温度。

目前已经发现的形状记忆合金达几十种之多，其中应用较多的是钛镍合金和铜基合金两大类。

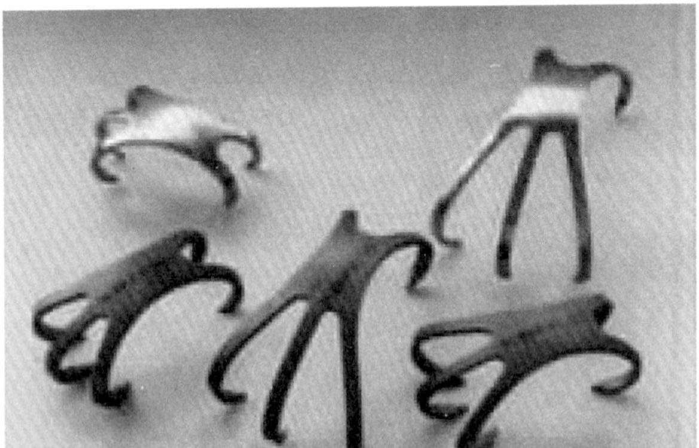

外科用记忆合金制品

形状记忆合金的应用也是多方面的。

在宇航工作中，人造卫星和月球上的伞形天线都可以用形状记忆合金制作，在到达太空和月球上时，这种伞形天线会因为温度升高而自动打开。美国在喷气式战斗机的油压系统中也使用了钛镍形状记忆合金。飞机的油压系统有大量的金属管道需要对接，使用钛镍形状记忆合金作为接头套管，飞机就不会发生漏油、脱落或破损事故。

形状记忆合金还可以用于多种驱动装置，可以控制机器人的手臂。

在医疗方面，形状记忆合金也大有用武之地。例如，用这种合金在体温下能恢复形状的功能，制成脊椎矫正棒来矫正骨骼，可以让曾经弯曲的骨骼再变得直起来。

小问题

形状记忆金属是怎样记忆形状的？

形状记忆高分子材料

汽车外壳上的凹痕，可以像压扁了的乒乓球一样，用热水一浸泡就可以复原；登山服装会根据环境温度自动调节透气性；不小心骨折后，医疗用的外套管在体温的作用下能够自动束紧，并且在骨头愈合以后就变得无影无踪。这些看起来既像魔术又像神话的设想，在新型材料——高

城里的汽车外壳变形时用开水一泡就好，真棒，有时间把我的拖拉机也烫一烫。

分子形状记忆材料发明后，已经逐一地变成了现实。

高分子形状记忆材料，又叫作“有记忆功能的高聚物”，分为热塑性和热固性两类。这两类材料产生形状记忆效应的主要原理基本相同。这类高聚物在外力作用下，可以产生大的弹性形变，并且可以方便地降低温度，使形变保持下来，但在施加某种刺激信号，如加热时，又可以恢复到原来的形态。这种变化称为形状记忆效应。在常温下是固体，加热后具有弹性的高聚物，一般说来都可能表现出一定形状记忆效应，所以形状记忆效应是材料科学中比较普遍的一种现象。

小知识

用高分子记忆材料处理废旧电池

我们知道，废旧电池对环境的危害很大，如何消除这类危害呢？构成电池的材料比较多，有贵金属和有机物等，因为构造复杂，体积较小，不宜采用传统的机械粉碎、填埋或焚烧的方式。如果我们采用高分子记忆材料制造电池，并设计出一条依据温度而逐一脱落的工艺流程，废旧电池中的各种物质将可以通过升温而自动脱落，那么处理废旧电池就变得简单多了。

使形状记忆材料成为高度智能化的材料，是目前材料科学与技术领域的热点之一。美国和德国科学家目前正着重研究用可以在生物体内自动分解的高分子材料制作手术需要的器件，来代替原有的大型器件。外科医生通过内窥镜精确地把由形状记忆聚合物制成

每次它脱衣服都比我快，原来它喜欢洗热水澡啊！
废电池

的器件移植到需要手术的部位，如断骨的外套管、血管的内扩管和血液的过滤网等，在体温的作用下，通过高分子材料器件恢复形状，就能达到治疗的目的。这种治疗方法，不仅可以减少放置器件时所需的外切口，而且由于器件本身在人体中可以逐步分解而消失，不需要为取出器件而进行第二次手术。

小问题

形状记忆高分子材料分为哪两种类型？

二氧化碳也能合成材料吗？

二氧化碳是我们所熟悉的一种气体，我们呼吸时吸入氧气，经过血液循环，呼出二氧化碳；而绿色植物则恰好相反，绿色植物的叶子能够通过光合作用，吸收二氧化碳，放出氧气。含碳的物质在氧气中燃烧也会生成二氧化碳。

近年来，由于石油化学工业的迅速发展，地下的石油、天然气和煤炭等大量被开采出来，为化学工业提供了丰富的原料。然而，另一方面，由于这些含碳物质在氧气中大量燃烧，又产生了一个严重的环境问题——二氧化碳剧增。大气中含有适量的二氧化碳对植物生长是有益的，可是过量的二氧化碳不能被植物完全吸收转化，就会造成严重的大气污染。它就像一顶帽子笼罩在地球的头上，这不仅严重污染了大气，而且也妨碍了其他污染物质的扩散。

此外，二氧化碳的增加还影响了地球正常的大气循环，使气候发生了变化，一些热带地区冬天飘起了雪花，而一些寒冷地区却

不断增强的“温室效应”加速了冰山的融化

出现了罕见的暖冬天气。近年来，科学家发现，由于二氧化碳剧增，导致地面热量不能顺利散发到太空，全球气温普遍上升，整个地球成了个巨大的温室。因此，人们又把二氧化碳叫作“温室气体”。气温的升高使地球两极的冰盖融化，海平面上升，如果二氧化碳的排放得不到有效控制，有一天，冰川融化，海洋将会把大陆淹没，陆地上的动植物包括我们人类就会面临灭顶之灾。

不过，虽然二氧化碳给人类生活带来了麻烦，但它对人类还有有用的一面，而且目前科学家们也正在研究如何将二氧化碳用作资源来造福人类。其中将聚合二氧化碳作为一种重要的材料，便是其用途之一，高分子材料就是二氧化碳聚合物。

这种高分子化合物主要就是由碳、氢、氧元素组成。二氧化碳的分子量是44，但是这些高分子材料的分子量高达几千、几万、几十万甚至几百万，这也是我们称之为高分

小知识

千奇百怪的高分子材料

展望未来，合成高分子材料领域将发生一场前所未有的巨大变革。到那时候，将会出现用塑料包封起来的蒙古包式的城市。在那里你可以看到：用高分子材料制造的纵横交错的快速载人的运输皮带，五颜六色的房屋，琳琅满目的服装和商品，你还可以美餐一顿用高分子原料制成的色香味美的饭菜。未来的高分子世界是多么美妙而诱人啊！

宇宙是生产高纯度的高分子材料的理想地点

子的原因。像蛋白质、纤维素等都属于天然高分子。

大量的二氧化碳分子聚合在一起就形成了二氧化碳聚合物。聚合的分子个数不同，方法不同，所得到的高分子材料的性能也不同；用二氧化碳为原料来制造各种高分子材料，还有一个重大的意义，就是可以减少环境污染，一举两得。

21世纪，科学家一直在研究利用聚合二氧化碳来制造人类所需要的原材料，再用这种材料来制造其他高分子材料。目前，科学家已经成功实现聚合二氧化碳来制造环保塑料。由二氧化碳聚合生产的环保塑料与普通塑料相比，完全可以替代人们日常生活对塑料的需求。同时，它在降解后所产生的物质仅有水和二氧化碳，因此被认为是解决白色污染的最有效途径。未来，为了提高聚合反应的效率，科学家设想将制造工厂建造在宇宙中，利用那里充足的太阳能和高真空的优越条件，生产高纯度合成高分子材料。

小问题

为什么我们称二氧化碳合成的有些材料为高分子材料？

烧蚀材料：牺牲自我，保全他人

两手用力相互摩擦，是不是感觉到手掌很热？这是物理学中动能转化为热能的现象，叫作“摩擦生热”。摩擦得越快，手就越热。与空气摩擦也会产生热量，而且同样

美丽的流星

是速度越快，产生的热量越多。

大家有没有见过流星？宇宙中一些小天体坠落到地球上时，由于下落速度很快而与大气剧烈摩擦，产生很高的热量，以至于燃烧起来，从地面上看，会看到天空中一道明亮的线条，这就是小天体下落过程中摩擦燃

小知识

阿波罗号宇宙飞船的烧蚀材料

1969 年，美国宇航员乘坐阿波罗号宇宙飞船登月，这是人类首次踏上另一个天体的表面。阿波罗号要离开地球必须克服强大的地球引力，因此要具备超过以往任何飞行器的速度，即 11.2 千米/秒的“第二宇宙速度”，这样它也将承受比以往任何飞行器都严酷的高温考验。阿波罗号宇宙飞船使用的烧蚀材料密度比导弹用的材料密度要小，相当于一种泡沫复合材料，主要成分是硅橡胶、环氧树脂、酚醛树脂和酚醛。这种复合的低密度烧蚀材料既起到通过烧蚀作用令船体降温的作用，又能很好地保温，从而满足了飞船长途飞行的需要。

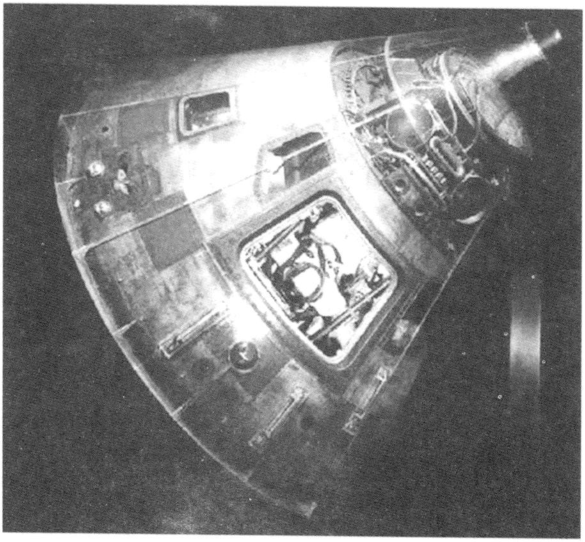

阿波罗号宇宙飞船

烧时发出的光亮。

当飞机在天空中飞行的时候，也会碰上和流星一样的问题。飞机的速度越快，它和大气的摩擦也越剧烈，从而产生大量的热，与空气摩擦的部位温度急剧升高。为了保证飞行安全，就需要对高速飞机采用特殊的防热措施。

实际上，在航天器返回地球时所遇到的温度比上面提到的飞机的温度要高出几十倍。材料必须能够经受上千摄氏度甚至更高的温度。这个温度到底有多高呢？咱们平常看到的熊熊燃烧的大火，在大火中心温度最高的

咱们可是说好了，起飞后我要是被烧坏了，那你自己在月球过吧！我一个人回来。
冰

地方才不过几百摄氏度。在这个温度下，普通金属材料和无机陶瓷会熔融，高分子材料受热会产生裂解，那么，用什么材料来解决这一难题呢？

还记得我们介绍过铜有优良的导热性吗？如果能迅速把摩擦产生的热量散发到空气里就能降低物体表面的温度，所以最早的导弹采用铜合金作为防热材料。但这种方法很快就被性能更优越的烧蚀材料所替代，现在普遍采用高分子烧蚀材料作为航天飞行器

耐高温材料保护着宇航员的生命

的防热材料。

根据烧蚀原理，用作高效烧蚀防热的材料是有选择的，也就是说，不是所有的高分子材料都具备这个性能。作为烧蚀材料，必须在高温下不熔融，同时又要裂解并产生大量小分子气体，把热量很快地散发出去。一些以树脂为主的复合材料，在热环境下，产生大量的小分子气体，形成坚固的热辐射表面，是做烧蚀材料的最佳选择。

不同的飞行器对材料的要求程度也不一样，飞行速度越高，产生的热量越多，对材料的要求就越高。导弹对材料的要求就比普通的飞机要求高，而宇宙飞船对材料的要求比导弹又要高。随着科学技术的发展和实践领域的要求变化，烧蚀材料也逐渐从高密度向低密度、由高热导率向低热导率发展。

小问题

烧蚀材料应具备哪些性能?

最坚韧的材料是什么？

蜘蛛丝是一种珍贵的物质，也是目前人们所知道的世界上最为坚韧且富有弹性的纤维之一。它是蜘蛛从肛门尖端分泌的黏液遇空气凝结而成的。蜘蛛丝主要由蛋白质构成，这种蛋白质叫作“蛛丝蛋白”。以往人们对它的认识不多。近十年，伴随着基因和蛋白质测定等新技术的采用，人们逐渐揭开了蛛丝蛋白的奥秘。研究者发现，蛛丝蛋白具有非常奇特的性能，即蛛丝在雨中不溶解，说明蛛丝蛋白不溶于水。但是蜘蛛结网时，液态蛛丝蛋白在经过一管道到达纺织突的过程中具有某些液态晶体的性质。当蛛丝蛋白从纺织突压出时，却又成为不溶于水的固态了。这说明，在整个过程中，蛛丝发生了物理和化学变化。

目前，全世界的蜘蛛种类多达三万多种。如何使这些蛛丝更好地为人类服务，几百年来一直是人们的兴趣所在。

在自然界中，蜘蛛丝由于坚韧而富有弹性，被某些鸟类用来筑巢。人类也早有利用

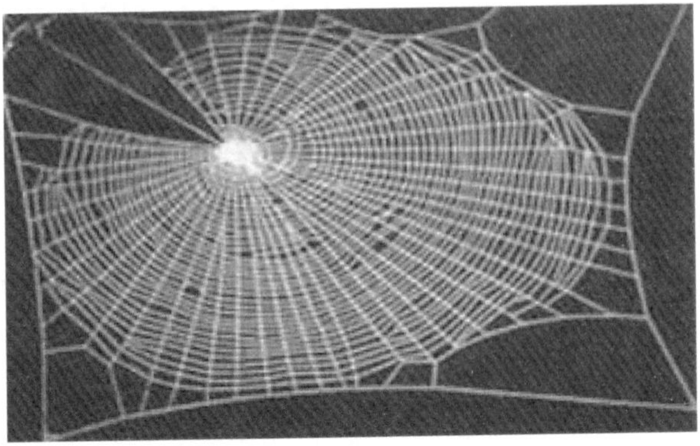

蜘蛛丝是自然界最为坚韧的纤维之一

蛛丝的历史。古希腊人把蛛丝贴在伤口上止血，现代人用蛛丝为妇女制作手袋、帽子、手套及长袜。不过单靠蜘蛛分泌的蜘蛛丝是不能满足人们的需要的。据说，编织一双女袜需要的蜘蛛丝得 5 万只蜘蛛劳作一年。这样，人工制造蜘蛛丝就很有必要。科学家为此做了大量研究。

由美国一所大学的学者组成的科研小组采取在细菌中植入特殊基因的方法，达到了人工制造蛛丝的目的。他们将蜘蛛体内与蜘蛛丝形成有关的基因植入细菌中，培养出一种能产生蛛丝蛋白的细菌。含有这种基因的细菌产生的蛋白质与蜘蛛丝的蛋白质相同，可以拉成蜘蛛丝。利用这种方法产生的蛛丝，可以制成高强度的防弹衣和降落伞。

科学家还试图研究蛛丝的分子结构，以

求最终能够人工合成蛛丝并投入生产，应用于医学及其他领域。据美国怀俄明大学的科学家报告说，常见的圆形织网蜘蛛排出的纤维不含毒性，不会促使人体免疫系统产生排异反应，同时还能够抵御细菌和真菌。由于蛛丝的强度超过外科手术缝合线，故可用于肌肉和韧带的缝合，也可用于器官移植。

还有的材料学家们正在设法通过模拟蛛丝的天然结构来创新材料。他们先弄清蜘蛛是如何将水溶性蛋白分子纺成比制作防弹背心的材料还要坚韧的不溶性丝网，然后利用仿生技术合成这种材料。这种蜘蛛丝是在常温常压下，以水代替硫酸做溶剂，由天然可再生的原材料纺织而成，它还是一种可生物

“能工巧匠”——蜘蛛

降解的材料。

生活在南美的蜘蛛分泌的蛛丝具有特殊的性能，它结实并富有弹性，能挡住射来的子弹，可谓刀枪不入。同时，它还特别耐寒，只有温度达到零下五六十摄氏度的时候才会断裂，而一般的强力纤维在此温度下已无法保持弹性。美国陆军参谋部还命令工程师饲养一批这样的蜘蛛，利用它们吐出的丝给士兵做防弹背心。实验证明，这种蛛丝的牢度是钢的5倍，能够伸缩，恢复原状的时候不变形。

目前，虽然人工合成蛛丝与目标已十分接近，但目前还不能大批量、低成本生产。我们相信，随着现代技术的迅速发展，

小知识

蚕吐“蛛丝”？

科学家用生物技术探索利用蚕生产“蛛丝”的方法也有突破。他们利用某种昆虫的病毒，将其遗传基因改变，然后让蚕感染上这种已改变遗传特征的病毒，并把它携带的产生蛛丝的基因传给蚕，这样蚕吐出的丝就是“蛛丝”了。

科学家试图用蜘蛛丝来研制最新型的防弹背心

用蛛丝制作服装、防弹服、安全帽、医用线等用品将成为现实。蜘蛛丝的广泛应用为纺织服装业以及军事、航天、航海、建筑与汽车工业，展示了美好的前景。

小问题

蛛丝蛋白有什么特性？

图书在版编目（CIP）数据

材料科技 / 中国科学技术协会青少年科技中心组织编写 . -- 北京：科学普及出版社，2013.6（2019.10 重印）

（少年科普热点）

ISBN 978-7-110-07922- 5

I. ①材… II. ①中… III. ①材料科学 – 科技成果 – 少年读物 IV. ① TB3-49

中国版本图书馆 CIP 数据核字（2012）第 268448 号

科学普及出版社出版
北京市海淀区中关村南大街 16 号 邮编：100081
电话：010-62173865 传真：010-62173081
http：//www.cspbooks.com.cn
中国科学技术出版社有限公司发行部发行
莱芜市凤城印务有限公司印刷
※
开本：630 毫米 ×870 毫米 1/16 印张：14 字数：220 千字
2013 年 6 月第 1 版 2019 年10月第 2 次印刷
ISBN 978-7-110-07922-5/G・3332
印数：10001—30000 定价：15.00 元